U0658916

休闲农业
基础知识

现代农民教育培训丛书

谈再红 ◎ 主　编
李运虎　葛玲瑞　李美君 ◎ 副主编

中国农业出版社
北　京

图书在版编目（CIP）数据

休闲农业基础知识/谈再红主编 . —北京：中国
农业出版社，2021.6
　　（现代农民教育培训丛书）
　　ISBN 978-7-109-28176-9

　　Ⅰ . ①休… 　Ⅱ . ①谈… 　Ⅲ . ①观光农业－农民教育－
教材　Ⅳ . ①F304.1

中国版本图书馆 CIP 数据核字（2021）第 073921 号

中国农业出版社出版
地址：北京市朝阳区麦子店街 18 号楼
邮编：100125
责任编辑：武旭峰　神翠翠　　文字编辑：蔡雪青
版式设计：杜　然　　责任校对：刘丽香
印刷：北京通州皇家印刷厂
版次：2021 年 6 月第 1 版
印次：2021 年 6 月北京第 1 次印刷
发行：新华书店北京发行所
开本：700mm×1000mm　1/16
印张：9.5　　插页：4
字数：230 千字
定价：48.00 元

　　谈再红，男，1963 年 4 月出生，湖南常德市人，中共党员，本科学历，正高级农艺师职称，国家农业职业教育名师，全国休闲农业和乡村旅游专家库专家。现任湖南生物机电职业技术学院副院长，休闲农业研究院院长。

　　主要从事休闲农业专业领域研究。主持国家级（省级）休闲农业科研项目 12 项，获国家级农业项目规划设计三等奖 1 次、省级教学成果三等奖 1 次。主持编写全国高等职业教育休闲农业专业首套教材 7 部、全国高等职业教育"十三五"规划教材——休闲农业系列教材 20 部，主编教育部"十三五"规划教材 2 部、农业农村部高素质农民培训教材 2 部，撰写专著 1 部，发表论文 300 多篇。

编 者 名 单

主　编　谈再红

副主编　李运虎　葛玲瑞　李美君

参　编　邓灶福　连　静　林丹婧　汤起武

　　　　　　吴小君　杨　柳　苏　璇　何荣誉

　　　　　　廖定思　贺玲玲　黄志飞　廖　鹏

　　　　　　饶玥莹　高杨杨　刘峰源

　　湖南省老科学技术工作者协会农业分会在湖南省农业农村厅支持下组织编写的"现代农民教育培训丛书",对助力美丽乡村建设,促进我国农业农村现代化持续、稳定、协调发展具有重大的现实意义。湖南是农业大省,近年来,全省农业农村系统认真贯彻落实习近平总书记"三农"工作重要指示精神,按照湖南省委、省政府的决策部署,大力推进强农行动和三个"百千万"工程,着力打造优势特色千亿产业,扎实抓好以精细农业为重点的"名优特"农产品基地建设,有效地促进了全省农业农村经济的高质量发展。

　　实施乡村振兴战略,是党和国家做出的重大战略部署,是"十四五"规划中农业农村发展的重要任务。实现这一战略的关键在于农村实用人才的培养。造就一大批有文化、懂技术、善经营、会管理的高素质农民和实用人才是新时期"三农"工作重中之重的任务。该丛书积极探索培养高素质农民的新做法，拓展教学内容，采取多种有效形式搭建交流共享平台，加强产业对接，突出重点，做好产业文章。农业现代化就是要抓好农业产业化，实现生产规模化、全程机械化、土地集约化、经营一体化，促进农民增收、农村繁荣、农业绿色发展。

　　"现代农民教育培训丛书"是紧紧围绕农业产业和新农村建设及高素质农民培训工作的要求，紧密结合湖南乃至全国同类地区实际，以适应湖南省产业结构调整和美丽乡村建设的需要为出发点，编写的高素质农民培训教材。丛书立足湖南，辐射全国，特色突出，内容丰富，涵盖了农业农村政策法规、农业产业化实用技术、美丽乡村建设模式、乡村综合治理等多个方面，针对性强，具有先进性、实用性、可操作性等特点，充分反映了我国农业农村发展的新业态、新模式、新技术和发展趋势，适合高素质农民、新型农业经营主体、基层农业技术推广人员、农业院校学生阅读学习。我相信，该丛书的出版，将对进一步做好农村实用人才培训、迅速提高农村人才培训质量、全面提升农民科技文化素质、助推我国农业农村经济高速发展和乡村振兴战略实施发挥极其重要的作用，进而推动我国现代农业绿色、可持续发展。

袁隆平

二〇二一元旦

Foreword 前 言

　　乡村全面振兴正朝着"产业兴旺、生态宜居、乡风文明、治理有效、生活富裕"发展目标奋进。而休闲农业作为一种利用乡村自然、人文、产业等资源和条件，发展集观光、休闲、旅游等功能于一体的新型产业形态和新型消费业态，在我国发展虽然起步较晚，但近年来势头十分迅猛。它的兴起与发展，有力促进了农业文化旅游"三位一体"发展、农村一二三产业融合发展、生产生活生态同步改善，在完善农业农村产业链、激发乡村经济发展活力、促使农民就近就业、推动乡村生态建设、促进城乡融合发展等方面发挥了重要作用，是实施乡村振兴、提高农民收入的重要推手。

　　为赋能全面乡村振兴，顺应休闲农业发展需要，解决专业教学与从业人员培训教材匮乏的问题，在湖南省农业农村厅的支持下，我们组织编写了本书。

　　本书知识编排循序渐进，共分三章内容。第一章认识休闲农业，系统介绍了休闲农业内涵、发展模式及规划定位。第二章休闲农业运用，从休闲农业发展主题、不同产业与类型休闲农业的做法、休闲农业的营销与管理方法、休闲农业品牌建设方面进行阐述。第三章休闲农业案例，收集了13个休闲农业项目的成功案例。为使读者更好地理解掌握知识难点，本书还另外有针对性地以二维码的形式补充了10个鲜活案例、11个视频，均为主编谈再红原创。本书以专业的视角针对具体做法具体剖析，可读性强，实用性突出，可为休闲农业发展、广大从业者、相关从业人员提供理论指导、实践经验借鉴。

　　本书在编写过程中，编者团队查阅了大量文献，走访了湖南、江西、四川、广西等地休闲农业园区（企业、协会），获得大量第一手资讯与素材。本书能最终定稿并由中国农业出版社出版，得到了湖南省农业农村厅老科学技术工作者协会、各省休闲农业协会、多家休闲农业企业的大力支持，在此一并表示感谢。由于编者水平有限，书中不足之处在所难免，敬请读者和广大同仁批评指正。

编　者

2021 年 3 月

Contents 目 录

Chapter 1

第一章

认识休闲农业

　　休闲农业是从 20 世纪 80 年代末期才发展起来的新型产业。在全球农业产业化发展进程中，现代农业不仅具有生产性功能，还具有改善生态环境质量，为人们提供休闲、度假、消遣的生活性功能。随着现代社会工作节奏的加快和竞争的日益激烈，人们渴望在闲暇时间进行多样化的生活体验，尤其向往回到泥土芬芳的乡村去放松身心。于是，一种新型产业——休闲农业应运而生。

第一节｜休闲农业内涵

一、休闲农业的概念

休闲农业，是一种以农业为基础，以休闲为目的，以服务为手段，以城镇市民为对象，贯穿农村一二三产业，融合生产、生活和生态功能，紧密联结农业、农产品加工业、服务业的新型产业形态和新型消费业态。简而言之，休闲农业是一种"以农为本，创造新价值"的新型产业形态和新型消费业态。

休闲农业必须以农业为基础，在做好现代农业产业的基础上，通过休闲体验活动让城市消费者参与其中，丰富他们的休闲娱乐活动，使他们能够感受、欣赏和喜欢乡村民俗文化。而休闲农业经营者则通过休闲农业园区（平台）的搭建，实现一二三产业融合发展，为城镇居民提供丰富多彩的实物产品与服务产品，提高农业的经济效益，促进现代农业的可持续发展。

我国是一个历史悠久的农业大国，农业地域辽阔，农业景观丰富多彩，农业经营类型多样，农业文化丰富，乡村民俗风情浓厚多彩，我国发展休闲农业具有优越的条件、巨大的潜力和广阔的前景。理解休闲农业的内涵，有必要理解农业、旅游、乡村旅游这些概念，厘清休闲农业与它们的异同。

1. 休闲农业与农业

从内涵来看，一般（传统）农业是单一型的，例如种田的只从事种田、养殖的只从事养殖。休闲农业的涵盖面则很广，是将农业种养、加工、销售、娱乐、休闲等融为一体的新业态和庞大产业体系。

从功能来看，一般（传统）农业的主要功能是提供农副产品；休闲农业除提供农副产品外，还具有生活休闲、生态保护、旅游度假、文化传承、教育等功能。

从效益来看，一般（传统）农业主要依赖资源、劳动力的投入，效益比较低；休闲农业则通过运用休闲元素来开发一般（传统）农业，使其更具价值。即使是普通的农产品，通过运用休闲元素对其进行新的包装、定位，其价格也会大幅提升，效益十分可观。

可见，休闲农业是一般（传统）农业的转型升级，是在体验经济时代以满足人们休闲体验活动为主旨的一种复合型、高效益的农业。

2. 休闲农业与旅游

旅游是凭借旅游资源和设施，专门或者主要从事招揽、接待游客，为其提供交通、游览、住宿、餐饮、购物、文娱等方面产品和服务的综合性行业。旅游资源、旅游设施、旅游服务是旅游赖以生存和发展的三大要素。其中，旅游资源包括自然风光、历史古迹、革命遗址、建设成就、民族习俗等，对旅游资源的经营体现了旅游产业对游客的吸引能力；旅游设施包括旅游交通设施、旅游住宿设施、旅游餐饮设施、旅游游乐设施等；旅游服务则是各种旅游产品、服务和管理行为的综合。对旅游服务的经营体现了旅游产业对游客的接待能力。

休闲农业与旅游的相同之处在于：两者都是为城镇居民提供休闲体验服务。两者的不同之处在于：旅游更偏向于凭借自然资源优势，对旅游资源进行现代化设施、设备的投入和建设，以招徕游客，主要满足游客以观光为主的旅行游览活动需求，注重商业文化与经营；休闲农业则更偏向于对农业农村自然生态、农业生产和农村民俗文化的开发利用，除了满足游客的观光旅行游览活动需求外，主要通过设计让游客参与其中的田园观光、农事、民俗等休闲活动，吸引并留住游客，以满足游客体验认知、怡情养性的生活需求，是农业与旅游交叉结合而产生的一种农业生产经营形态。

3. 休闲农业与乡村旅游

乡村旅游是指以农业生产、农民生活、农村风貌以及人文遗迹、民俗风情为旅游吸引物，以城镇居民为主要客源市场，以满足旅游者乡村观光、度假、休闲等需求为目的的旅游产业形态。乡村旅游具有以下两个方面的特点：一方面，乡村旅游是依托特色村容村貌、乡村民俗风情、乡野田园风光等资源，为游客提供观光游览、休闲度假、娱乐体验、健康养生、会务等项目的新兴旅游方式；另一方面，乡村旅游发生在乡村地区，且以"乡村性"为核心吸引要素，是与都市旅游相对照而存在的区域综合性旅游形式。

休闲农业与乡村旅游是两个相近又相异的概念。休闲农业是农业的衍生品，其基本属性是以充分开发具有观光、旅游价值的农业资源和农业产品为前提，把农业生产、科技应用、艺术加工和游客观光、求知、参与农事活动等融为一体，供游客领略在其他旅游景点欣赏不到的大自然浓厚意趣和现代化的新型农业技艺。一旦离开农业，休闲农业便无从谈起。而乡村旅游更加强调空间维度的地域观念，它将整个乡村地域系统作为开发对象，主要是以具有典型乡村景观意象的聚落、建筑、环境，乃至非物质性的乡村民俗风情等作为旅游资源。乡村旅游与休闲农业在范围上有着一定的重合，但是两者又有明显的差异。休闲农业强调的是农业与旅游业产业活动的同步性，乡村旅游强调的是旅游产业活动与乡村人文属性和自然环境之间的关联性。

【视频1】
乡村如何振兴？需要以乡村旅游发展带动乡村特色产业体系构建、村居经济增长、乡村生态环境提升

二、休闲农业是以"三生"为基础的产业

休闲农业是在传统农业基础上发展起来的融生产、生态、生活"三生"为一体的新型产业。

"三生"中的生产，意指农业生产。其主要内容包括：利用土地资源进行花草苗木种植生产，利用水域资源进行水产养殖，利用土地、饲料、饲草资源进行畜禽及特种经济动物养殖，以及利用农产品（包括畜禽产品）等进行农副产品的加工或制作等。休闲农业让人们参与到农业生产中，以体验、了解农业生产经营活动。农业在国民经济中属于第一产业，休闲农业是农旅结合的新型产业，其发展必须以农业生产为基础。可见，农业是休闲农业新业态当之无愧的"母亲产业"。农业生产的地位和作用是休闲农业发展的基础。

"三生"中的生态，意指农村生态。其主要内容包括：利用农村"生态环境"资源，为人们的生活提供良好的自然条件，如清洁的水、负氧离子含量较高的空气、适当的温度、必要的动植物伙伴、适量的阳光照射等。休闲农业就是要发挥好农村的"生态环境价值"。"生态环境价值"是一种"非消费性价值"，这种价值不是通过对自然的"消费"，而是通过对自然的"保存"来实现的，具有越久越值钱的特性。休闲农业一定要保护生态环境，必须在做好生态与农业生产的基础上开发休闲旅游活动。

"三生"中的生活，意指农民生活。其主要内容包括：利用农村文化、农家生活等进行休闲体验（娱乐）活动开发，吸引人们贴近农民生活，享受乡土乐趣，感受农业、农村、农民的独特价值，增进人们对"三农"的体验与认知。生活是指人类生存过程中的各项活动的总和，范畴较广。生活实际上是对人生的一种诠释，包括人类在社会中与自己息息相关的日常活动和心理影射。为了美好的生活，每个人都必须付出辛勤努力。现代社会人们衣食无忧、丰富便捷的生活，离不开农民的辛勤劳动。休闲农业的体验（娱乐）活动一定要有创意，寓教于乐，使人们从中体验和认知"三农"的价值。

发展休闲农业必须坚持可持续发展道路，坚持人与自然和谐相处，坚持人口、资源与环境协调发展，先做生态，后做生产，再做生活，生产、生态、生活有机结合、融为一体，走生产发展、生态良好、生活富裕的文明发展道路。

休闲农业要做好"三生"，必须要把握四条原则：一是休闲农业所卖产品要与当地生产与资源利用相配套；二是休闲农业不光要生产得好，更要卖得好；三是休闲农业不光要卖物质产品，更重要的是卖精神产品和服务，特别是满足青少年与儿童求真、求趣、求知的需求；四是休闲农业的经营要不断创新，不断满足都市人群消费升级的需求。

休闲农业要做好"三生"，重点要把握以下主要方向：

（1）以种养农产品为中心。围绕种养农产品发展加工业、乡村旅游业，形成种养农产品产、供、销一体化的产业链，实现休闲农业资源的循环利用，保障休闲农业获得比较高的效益和持久、稳定的发展。例如，种植水稻的休闲农业项目除了以水稻种植为中心外，还可以种养结合，实现稻—鱼、稻—虾、稻—蛙、稻—鳖生态农业循环发展，还可以延伸出大米、米粉、米酒、年糕等加工产品，以及特色餐饮、休闲旅游活动，实现由农业到加工业再到旅游服务业的高度融合。

（2）以农业资源利用为主。依托休闲农业园区的自然山水田园资源与农业生产条件，延伸出休闲地产、养生、养老、度假等，通过改善当地居民的居住条件，吸引游客以及新居民在乡村度假或安家落户。这种休闲农业模式虽然投资大、回收慢，但将是今后乡村振兴发展的方向。

（3）以乡村文化传承为主。休闲农业园区一方面保护生态环境、发展农业产业；另一方面挖掘乡村传统民俗，不断发展与传承乡村文化，如建筑文化、服饰文化、美食文化、婚庆文化、游乐文化等。在营销模式上，可以探索发展休闲农业园区、共享园区、田园综合体、会员制私人农场、农业教育、体育休闲、陪同体验等多种休闲农业经营模式。

三、休闲农业是农旅结合的产业

休闲农业是把农业生产经营活动和观光休闲活动有机结合起来的一种新型产业。它是一种创意农业，通过生产、加工、服务实现产业化和品牌化。

休闲农业中的农旅结合，是以农业为基础，根据农业园区的主导产业来设计休闲旅游活动，形成旅游活动与主导产业生产相呼应，加强产品品牌认知与传播，促进农业产业可持续发展。这样的休闲农业才是真正的农旅结合。

从农业方面，休闲农业具体可从以下三个方面着手：一是要有农业产业文化内涵贯穿；二是要有一二三产业融合发展；三是要打造园区平台整合运营。

从旅游方面，休闲农业具体可从以下五个方面来着手：一是要有特色差异；二是能引起议论；三是让人记忆；四是有艺术元素；五是容易做，让人能够体验。

从休闲农业产业的角度来分析，休闲农业是一种农旅结合的新型产业，既然是新业态，这种农旅结合的经营模式肯定不是农业种养生产和休闲旅游活动的简单结合。目前，大多数休闲农业从业者没有读懂农旅结合的背后逻辑，认为做休闲农业只是为了增加游客的休闲旅游活动。其实站在投资人的角度来看，旅游观光体验等只是一种手段和途径，发展农业产业才是目的。如果没有产业支持，没有将农业生产、农产品消费作为休闲农业观光休闲体验的基础，无异于买椟还珠。

世界上有些地区的休闲农业比较发达，这些地区的休闲农场所设计的休闲旅游体验活动，大多数内容都是与农场的主题定位相结合、与产业发展相结合，通过场景化的旅游体验来带动在地化产品销售，进而沉淀出休闲农场的产品品牌。例如，中国台湾地区的飞牛牧场，让孩子来看牧场、坐牛车、给奶牛喂草、吃牛奶火锅，设计与奶牛相关的游戏让孩子们体验，这些活动不是为了赚"活动费"，而是为了带动牧场牛奶及其延伸产品的销售，以及加强品牌认知和传播。再如，中国台湾地区的蘑菇部落农场设计了一系列场景化休闲旅游体验，如看蘑菇、吃蘑菇、种蘑菇、蘑菇科普教育、蘑菇文化欣赏等，以带动蘑菇产品的销售。该农场销售蘑菇产品所得的收入已经突破亿元大关，占到农场整休收入的六成以上。

所以，发展休闲农业旅游并不是农业种养生产和休闲旅游活动的简单结合，而是结合主题和农业产业发展，通过场景化旅游观光体验，带动农产品产地化销售，并形成游客对产品品牌的认知和传播。休闲农业的价值远超休闲农庄项目活动的收入，而且是一个没有天花板的产业。

四、休闲农业是一二三产业融合发展的产业

休闲农业园区不仅有第一产业（农业种养业，设为 1），还有第二产业（农产品加工业，设为 2）和第三产业（休闲服务业，设为 3）。由于 1＋2＋3 等于 6，1×2×3 也是等于 6，所以专家们也将休闲农业称为"第六产业"。休闲农业的一二三产业融合发展就是以农村产业化为路径，以产业链延伸、产业范围拓展和产业功能转型为表征，将产业发展方式转变为结果，形成新技术、新业态、新商业模式，带动资源、要素、技术、市场需求在农村的整合集成和优化组合。

目前，全国休闲农业产业发展势头迅猛，呈现出发展速度加快、布局

【视频 2】
景区周边的乡村旅游项目要实行一二三产融合发展

优化、质量提升、领域拓展的良好态势。休闲农业成为了一二三产业的融合体、农民利益的共同体、农耕文化的传承体。休闲农业的发展必须把握以下几个方面：

1. 确立基在农业、利在农民、惠在农村的基本发展思路

休闲农业的一二三产业融合发展要坚持第一产业是基点、第二产业是重点、第三产业是亮点的基本发展思路，要以产业为引领，选择在本地区有基础、有优势、成规模的重点产业，选择与生态文明相结合、与文化旅游相结合的亮点产业，不断探索新模式、新业态，例如"互联网＋"的新增长点等，将产业发展落实到具体的功能区、产业带和品种上来，通过对休闲农业的投入，加快资产融合、技术融合、要素融合、利益融合，加强各部门配合和资金整合，实现一二三产业融合发展。

2. 把握产业链、价值链前延后伸融合发展的态势

（1）前延后伸融合。积极引导休闲农业龙头企业向产业链、价值链上游延伸，建立与企业自身发展相关的标准化原料基地，并借助基地开展以观光、科普、养生等为主的休闲体验活动，同时发展流通业和特色餐饮业。充分调动休闲农业龙头企业参与融合发展的积极性，同时有效保障农民在融合发展中的利益，确保农民在融合发展中的主动权。例如，休闲农业企业向农户注资，农户向农民合作社和休闲农业企业注资或以土地经营权入股。

（2）围绕产业链进行配套发展。吸引加工、旅游、仓储、物流、信息等配套服务企业入驻，在生产环节上实现不同层次的首尾相连、上下游衔接，向前延伸有集中连片的原料基地，向后延伸有健全的物流配送和市场营销体系，相关企业以产业链为核心，形成相互融合、互促共进的抱团发展格局。

（3）加强各产业组织的联合协调。在壮大休闲农业产业经营的基础上，加强"社园联合""社场联合""社企联合"，围绕一定区域内的特色产业，深化各产业间龙头企业、休闲农业企业与农户和农民合作社的合作、联合与整合，形成长期稳定的订单关系、契约关系，使一二三产业的各相关产业组织在农村空间集聚，形成集群化、网络化发展格局，形成特色优势区域品牌，真正实现产业发展、农业增值、农民增收。

3. 打造农业与文化生态休闲旅游融合发展新业态

做休闲农业要以农耕文化为魂，以生态农业为基，以创新创意为径，以美丽田园和古朴村落为形，通过大力发展休闲农业，将农业的生产功能向经济功能、社会功能、教育功能、文化功能和生态功能等拓展，进一步催化新的产业形态和消费业态，再将这些新业态与种植业、加工业、餐饮业、创意农业等互相渗透、互相提升直至融为一体，赋予农业科技、文化和环境价值，提升农业或乡村生态休闲价值。

休闲农业具有旅游观光、文化传承、科技教育等功能，能促使大量的农区变为休闲旅游景区、田园变为公园、空气变为人气、劳动变为体验活动、农产品变为商品，从而在转变农业发展方式、带动农民就业增收、推进乡村振兴与美丽乡村建设等方面发挥积极作用。

4. 促进资源要素向农业渗透融合

休闲农业要做好"消费导向"的人文章，必须根据社会人口变化及其对农业需求的影响，深入研究不同类型、不同年龄的人群特别是 80 后、90 后、00 后人群的消费行为、消费方式、消费结构的差异，将以"大数据"和"互联网＋"为代表的先进技术向农业渗透融合，模糊农业与第二、第三产业间的边界，借助于信息化等实现网络链接，缩短供求双方之间的距离，优选市场定位、瞄准细分市场，大力推动网络营销、在线租赁托管、食品短链、社区支持农业、电子商务、体验经济等多业态融合发展。

5. 以改革创新为动力，构建休闲农业发展的长效机制

（1）积极发展休闲农业租赁制、股份制、合作制等组织形式，打造利益共同体和命运共同体，形成产权清晰、利益共享、风险共担、机制灵活的制度安排。

（2）积极探索休闲农业各种融合发展模式，让农民参与休闲农业发展的全过程。

（3）加强融合产业发展技术集成创新，全面实施创新驱动战略，开展自主创新、协同创新、开放创新，树立大农业、大资源、大生态的理念。

（4）完善休闲农业和乡村旅游扶持政策和服务体系，努力提升休闲农业的融合发展水平。

第二节 | 休闲农业发展模式

随着休闲农业的蓬勃发展，国内外涌现出规模不一、形态各异的休闲农业企业。由于自然资源、人文资源、农业资源和经济状况的差异，各地休闲农业发展类型和模式呈现出多样性。目前，休闲农业的发展模式主要有以下七种：

一、田园综合体

田园综合体中的"田园"意指乡村自然风光，即我们所说的"田园意象"，从古代文明到现代社会，田园总与宁静、恬淡、放松相关，已成为"乡愁""诗意""归隐"的寄托地；"综合体"最早源于城市综合体建设，是城市发展到一定阶段的产物，是人口聚集、用地紧张到一定程度时在城市聚集体的核心部分出现的一种综合形态、一种新的商业空间形式，强调服务、商业和资源集聚。田园综合体从城市综合体衍生和借鉴而来，是在推进农业供给侧结构性改革的进程中提出的新概念。2017年，由于无锡市阳山镇"田园东方"的成功实践，田园综合体作为乡村新型产业发展的亮点措施，被写入2017年中央1号文件："支持有条件的乡村建设以农民合作社为主要载体、让农民充分参与和受益，集循环农业、创意农业、农事体验于一体的田园综合体，通过农业综合开发、农村综合改革转移支付等渠道开展试点示范。"田园综合体已成为当前农村经济领域的高频词汇，体现当前乡村发展创新突破的思维模式，备受各界广泛关注。

1. 田园综合体的概念

田园综合体是在保持乡村原始风貌的基础上，突破惯常农业单线发展思维模式，顺应消费需求升级和农业供给侧结构性改革要求，通过资源聚合、功能整合和要素融合，跨产业、多功能、全要素综合规划，以空间创新带动产业优化、链条延伸，构建农业发展新动能，集现代农业、休闲旅游、田园社区于一体，助力农业发展，促进一二三产业融合，实现乡村现代化、新型城镇化、社会经济全面发展的一种可持续发展模式。

从业态角度看，田园综合体是集循环农业、创意农业、农事体验于一体的一二三产业融合的新业态；从功能来看，田园综合体以农业产业集聚为主导，同时具备乡村旅游等多项功能；从田园意象（感知主体）来看，田园综合体描绘了一幅恬淡浪漫的田园图景，是乡村性、地方性和创造性的体现。

田园综合体与农业综合体、农旅综合体等一脉相承，都是从城市综合体衍生和借鉴而来，三者之间存在一定的交叉过渡。其中，田园综合体基于乡村地域空间的角度，包含农业、文化等多种复杂元素；农业综合体从产业的角度出发，以农业产业作为发展的重点；农旅综合体则从产业融合的视角，把农业旅游作为向外联系的突破口。田园综合体与农业综合体的相同之处在于，两者都属于多产业、多功能、多业态并存，与区域经济发展有密切的联动性。田园综合体与农旅综合体的相同之处在于，两者都是融合农业与旅游业的重要载体，是打造和实现田园意象、乡村旅游的重要载体。田园综合体以农业产业为主导并具备乡村旅游等多项功能，其功能更加多元和完善，产业链更加延伸，价值链、利益链更加完整。

2. 田园综合体的发展模式

从功能性而言，田园综合体主要有农业产业侧重型和农旅休闲侧重型两类。其中，农业产业侧重型田园综合体，是在农业产业基础较好的地区，以农业生产、产业加工为核心功能的田园综合体发展模式，其主要任务是保障基础农业、发展特色农业，同时兼具农业观光、乡村旅游等多重功能；农旅休闲侧重型田园综合体，是在旅游资源较好或旅游市场较成熟的地区，以田园意象的实现为基础，以田园风光和休闲度假为重点，将农业产业作为吸引旅游的平台或项目，满足城镇居民的休闲观光、农事体验等需求的田园综合体发展模式。

从资源基础和空间布局的角度，在综合开发的背景下，根据已有田园综合体的开发现状，可将田园综合体归纳为以下四种建设模式：

（1）优势农业主导模式。该模式目前是田园综合体的最主要建设模式之一，也是田园综合体核心精神的体现。该模式以具有区域优势、地方特色等条件的农业产业为主导，以产业链条为核心，从农产品生产、加工、销售、经营、开发等环节入手，推进集约化、标准化和规模化生产，打造优势特色农业产业园，着力发展优势特色主导产业带和重点生产区域，培育、发展一批与农民建立紧密利益联结机制的新型农业经营主体，提高现代农业生产的示范引导效应，并以此为基础，带动形成以农业生产为核心的田园综合体开发模式。例如，广西壮族自治区南宁市西乡塘区"美丽南方"田园综合体建设试点项目，以"蔬菜＋养殖＋葡萄"为主导；浙江省绍兴市柯桥区"花香漓渚"田园综合体，以高端花木产业为核心等。

　　（2）文化创意带动模式。该模式是以文化创意产业带动一二三产业融合发展，注重地方特色文化挖掘和产业融合。该模式以农村一二三产业融合发展为基础，依托当地乡村民俗和特色文化，通过文化创意产业的引导，推动农旅结合和生态休闲旅游，形成产业、生态、旅游融合互动的农旅型综合体。该模式常以文化创意企业的入驻为发展动力，以特色创意为核心，开发精品乡村民宿、创意工坊、民艺体验、艺术展览等特色文化产品，打造青年返乡创业基地以及拥有生态旅游、乡土文化旅游和农事体验等核心功能的创意型综合体。例如，四川省成都市蒲江县明月国际陶艺村，依托 7 000 亩①竹笋园、3 000 亩茶园，发展以陶艺为核心的乡村旅游创客示范基地，吸引文化艺术类人才入驻，配套建设书院、客栈、茶吧、民宿等文化和生活服务设施。

　　（3）自然资源引领模式。该模式通常以区域内具备竞争优势的乡村自然资源为前提，通过地域优势型自然资源的引领，发展以度假旅游、创意农业、农事体验为核心的田园观光和休闲集聚。该模式最为接近典型旅游项目的建设，同时又对产业融合尤其是农业与旅游的融合发展给予关注。例如，陕西省汉中市洋县"魅力龙亭"田园综合体项目以朱鹮湿地休闲旅游为引领，逐步建成以新型农业经营为主体的田园综合体。

　　（4）市场需求引导模式。该模式通常以一定区域内消费者群体的实际需求为建设重点，通过满足市场需求，实现休闲农业全产业链的集聚。该模式以满足消费者的旅游观光、休闲度假、农事体验等需求为核心，通常选择区位交通优势明显的城郊乡村，以田园风光和生态环境为基础，为城

---

① 亩为非法定计量单位，1 亩≈666.67 米²。

乡居民打造一个贴近自然、品鉴天然、感受农耕文明、身心怡然的聚居地和休闲区，形成一个以田园生活、田园体验为主要特色的生活型综合体。例如，中国首个田园综合体——江苏省无锡市"田园东方"，距无锡市仅30千米，公交可辐射上海、南京、苏州三个较大的客源市场，交通便利，自驾游当日可轻松往返。该综合体靠近阳山火山地质公园、"中国水蜜桃之乡"无锡市阳山镇，集现代农业、休闲旅游、田园社区等产业于一体，打造田园休闲体验地。

田园综合体是建立在国家宏观指引、各地实践探索基础之上的新生事物，没有统一的建设标准，其开发原则可以概括为立足本土、因地制宜、突出特色。田园综合体通常都具有市郊型区位、交通便利等优势。在综合建设的基础上，各田园综合体项目在农业产业、农事体验和旅游体验等空间功能布局方面各有侧重。从当前发展现状来看，田园综合体总体上呈现上述四种建设模式的"兼而有之""综合开发"和"多元性复合"特征。

田园综合体的
产业布局策划思路

二、休闲农庄

休闲农庄最早起始于欧洲，至今已有100多年的历史。早在1855年，法国巴黎市的贵族就流行结伴到郊区乡村度假旅游。1865年，意大利成立了"农业与旅游全国协会"。20世纪60年代初，西班牙积极发展休闲农业，对农场、庄园进行规划建设，提供徒步旅游、骑马、滑翔、登山、漂流、参加农事活动等多种休闲项目，并举办各种形式的务农学校、自然学习班、培训班等，从而开创了休闲农庄的先河。此后，休闲农庄在德国、美国、波兰、日本、澳大利亚、新加坡等国家得到倡导和发展。我国的休闲农庄最早产生于20世纪90年代中后期，随着人们收入水平的提高、乡村旅游和生态旅游的兴起，休闲农庄得到迅速发展。

1. 休闲农庄的概念

休闲农庄是一种综合性的休闲农业园区，是伴随着近年来都市生活水平提高和城市化进度加快而出现的集科技示范、观光采摘、休闲度假于一

【视频3】
以宁乡花猪为主题的优秀农庄——湘都生态农庄

体的农庄式综合农业园区。休闲农庄内提供的休闲活动包括田园景观观赏、农业体验、亲子游戏活动、垂钓、野味品尝等，游客不仅可以观光、采摘、体验农作、了解农民生活、享受乡土情趣，而且可以住宿、游乐、度假等。

2. 休闲农庄的发展模式

通过综合分析国内外休闲农庄发展现状，目前休闲农庄主要可归纳为城市郊区型、景区周边型、特色村寨型、基地兼容型等四种农庄模式（表1-1）。

从当前我国实际情况来看，短期内应以城市郊区型为主、景区周边型为辅，其他模式适当发展。同国外相比，我国休闲农业起步较晚，本地城市居民是主要消费者，他们的收入水平、休闲观念对休闲农庄发展模式具有决定性的影响。一般来说，本地城市居民倾向于利用较少的时间外出旅游，例如周末举家自驾车外出游玩。这可以从当前国内各主要城市周边火爆的"农家乐"得到佐证。

从长期来看，休闲农庄要重点开发和利用风景区周边的特色村寨、高科技农业基地等资源。目前，国内休闲农庄主要集中在城市近郊及周边地区，城市居民是主要"客源"。城郊距离城市较近，基础配套设施比较完善，开发成本相对较低，经济效益突出。随着我国经济发展水平的不断提高以及居民收入的大幅增长，城郊旅游市场需求快速扩张，景区周边、特色村寨、高科技农业基地逐渐成为新的旅游热点。主要原因在于：一是风景区周边等休闲旅游还处于初级发展阶段，基础设施不完善，缺乏规划，产品不够成熟；二是城镇居民休闲旅游要求不断提高，城郊休闲活动已无法满足其需要。因此，景区周边、高科技农业基地、特色村寨等会产生较强的吸引力。

表 1-1　休闲农庄的发展模式

休闲农庄模式	资源禀赋	功能	市场需求	经营内容
城市郊区型	农村风光、农业资源、新农村建设	"农家乐"、观光、学习、体验、购物、休闲、度假	本地城市居民，少量外地游客、外籍游客	近期以观光、"农家乐"为主，长期以休闲、度假为主
景区周边型	民族城镇、村寨、农耕、民居	休闲、度假、观光、旅游、"农家乐"、学习、体验、购物	本地城市居民、风景区的外地游客、外籍游客	"农家乐"、旅游、休闲、度假并重
特色村寨型	特色自然、人文景观、特色文化	观光、旅游、求知、体验、购物、休闲、度假	本地城市居民、外地游客、外籍游客	观光、旅游、学习、科普、购物为主，少量休闲、度假
基地兼容型	特色农业、规模农业、现代农业	观光、学习、求知、体验、劳作、购物、休闲	本地城市居民，少量外地游客、外籍游客	观光、学习、科普、购物为主，适当发展其他经营项目

　　从短期来看，城郊休闲农庄开发应以观光、"农家乐"为主；从长期来看，则应注重发展休闲、度假项目，同时开发商业购物项目。随着城市居民收入水平的不断提高，其休闲需求也会日益多样化、高端化。现有城郊休闲农庄必须要尽快转型，朝着特色化、专业化、科技化、绿色环保方向发展，才能适应未来旅游市场发展需要。城郊以外的休闲农庄应重点发展观光旅游项目，同时辅以休闲度假服务，发展规模主要根据实际客流量来确定。

四川休闲农庄千千万，大禹农庄怎么就成了品牌农庄？

　　任何休闲农庄发展模式都要经历起步、发展、成熟三个阶段。其中，起步阶段重点发展观光项目；发展阶段比较关键，可引入休闲度假服务；到成熟阶段，休闲农庄已基本确立了自己的发展模式，应最大程度发挥自身经营优势吸引客户，促进经济、社会效益共同提升。

三、共享农庄

　　党的十八大以来，共享经济正在从一个新鲜事物变成我们生活的一部分，从遍布大街小巷的共享单车到共享充电宝、共享雨伞、共享汽车等，共享经济已经渗透到生活的每个角落。在国家大力实施乡村振兴战略的大背景下，中国人民大学土地政策与制度研究中心针对农村集体土地改建租赁住房提出了创新性解决方案，首次提出了"共享农庄"的概念。"共享农庄"模式充分尊重农村发展现状与传统民俗风情，在不影响正常农村生产生活环境的前提下，引导农民盘活资源、参与创业或发展第三产业，帮助农民增加收入、增强市场意识与经营意识。"共享农庄"模式在中国市场的发展前景越来越被看好，农民致富有了新的出路。

1. 共享农庄的概念

简而言之，共享农庄就是按照共享经济的理念，在不改变农民所有权的前提下，将农村民舍、土地、产品等闲置资源，根据城市居民体验田园生活、度假养生、从事文化创意产业等多种需求进行个性化改造，采取产品定制型、休闲养生型、投资回报型、扶贫济困型、文化创意型等共享方法进行共享，通过互联网与城市居民需求对接，形成政府、集体经济组织、农户以及城市消费者"四赢"的局面。

共享农庄作为一种平台化思维的产物，对政府、农庄主、农民以及城市消费者各方有不同的利好。对于政府而言，通过使用权的交易，将农庄的闲置资源与城市需求进行最大化、最优化的重新匹配，将不确定的流动性转化为稳定的连接，间接地缓解了城乡发展不平衡问题；对于农庄主和农民而言，通过产品认养、托管代种、自行耕种、房屋租赁等多种私人定制形式，不仅可以降低经营风险、提升产品附加值，还能够和以往低频消费的用户建立强连接；对于城市消费者而言，可以体验农村生活，享受田园风光，使身心得到放松。

"共享农庄"模式具有"安、居、乐、业"四个要义：

（1）"安"，就是安心、安全。一方面，"共享农庄"不改变农民产权归属，农民、农村资产安全；另一方面，"共享农庄"平台提供信息中介、法律确权、规划设计、改建报批、租赁运维服务，城镇消费者同样安心、安全。

（2）"居"，简单来说，就是在保障集体土地权属不变的前提下，村集体和农民出空间，社会资本或城市居民、企业出资金，共同提高农庄的人居环境，改善周边配套设施，形成宜居宜营的合作农庄，吸引城市居民或团体短租、长租或承包运营。

（3）"乐"，就是农民将闲置资源租赁经营权有偿让渡，从而获取闲置资源的合理回报，不仅农民能够增收，城镇居民也能实现田园梦、创业梦，提升生活品质，怡情养性，同时政府也能够增加税收，皆大欢喜，何乐而不为。

（4）"业"，就是真正使农民不离乡不离土实现创业、就业，城镇资本、人员有序进入农村投资兴业。从过去单纯经济利益导向的投资方获利变为各方合作共赢，这才是可持续发展的基础。

2. 共享农庄的发展模式

（1）简易共享模式。简易共享模式是指农庄主通过股权认筹、农产品认种等方式将农庄的投资者、经营者、消费者联合起来形成利益共同体，实现利益最大化的经营模式。这种模式的核心在于将消费者与投资者结合起来，农庄产出的产品种类由消费者直接决定，农庄获得的收益由投资者直接分享，形成良性的循环。

根据运营模式不同，简易共享模式可细分为以产品为中心、以资产为中心、以运营为中心的三种发展模式。

①以产品为中心的发展模式。在农产品没有收获之前，消费者预订农产品，支付一定订金；在农产品成熟之后，农庄将农产品送至消费者手中，最终完成农产品消费。

②以资产为中心的发展模式。农庄将资产按照股份进行分割，吸引消费者、投资者进行参股投资；农庄按照公司形式设置决策机构进行相关运营；农庄的股权持有人风险共担、利润共享。

③以运营为中心的发展模式。农庄将一部分经营项目作为经营股份分割给经营者，经营者以其经营管理经验或以现金方式入股。农庄的投资者和经营者风险共担、利润共享。

一些农业大省每年都会传出农产品滞销的消息，究其原因，主要是供需之间未能很好结合。简易共享模式可以让消费者决定种植农产品的种类，从根本上填平供需差异的鸿沟。简易共享模式最大的缺点在于不能形成规模化的优势，无法降低管理成本，也无法形成产业聚焦的优势。

（2）平台共享模式。平台共享模式可以补充简易共享农庄的缺点，以网络信用体系构建为基础，以场景化营销为核心，以信息化建设为根本，实现产业聚集。

平台共享模式的基础是构建一个联系消费者与农庄的平台，搭建一个透明的互相信任的体系，建立严格的标准，将标准尽可能量化，将农庄能够量化的指标数据在平台上提升起来，建立奖惩制度，形成优胜劣汰的格局。

平台共享模式的核心是构建一个消费者能感受到乡土情怀的场景，让消费者在场景中感受农场气息、体验农场生活。这就要求平台要注意交互的设计，强化消费者与农场交流联络的功能，让消费者在平时耕作过程中通过网络感受到乡土气息，在收割季节能在线上看到农场的丰硕成果。这种场景不是虚拟的，因为它实实在在存在于这个世界上，是属于消费者的一方净土。

平台共享模式的根本是信息化建设。在传统的农场建设中，信息化建设是较为欠缺的。在平台共享模式中，这种建设是很有必要的，要让消费者能够在线上感受到农场的场景。信息化是平台共享模式构建的根本条件。

平台共享模式就是要构建一个具有一定数据基础的信息化平台共享模式，实现农庄产业聚焦。城镇居民在线上搜索"附近的农庄"，线上平台就能推荐几处适合的农庄，平时还可在线上观察到农庄中植物的长势、动物的成长情况，使消费者与农庄之间的联系更加紧密，消费者随时可以感受浓郁乡土情怀。

（3）智慧共享模式。随着物联网技术、人工智能技术与大数据技术的发展，共享农庄会进入智慧共享模式，会带给消费者更好的生产与消费体验。随着物联网技术在农庄的广泛应用，生产过程、交易过程、消费体验将逐步实现智能化。

①生产过程的智能化。农作物的浇水、施肥、遮阳、补光、通风等生产环节，都可通过智慧农庄系统进行智能控制。劳动力会得到空前解放，农业机器人播种、采摘、收割将随处可见。农产品质量追溯系统将完全建立，消费者只需要扫一下二维码，就可以追溯到农产品"从田园到餐桌"

任何一个环节的信息。

②交易过程的智能化。共享平台会根据消费者的历史消费数据和其他背景信息，自动匹配合适的农庄产品提供给消费者。可视化的交易界面将带给消费者良好的消费体验。同时，平台也可从消费大数据中抓取有用的信息，对消费者结构、消费特点、消费偏好、区域差异进行深度分析，从而为农庄的个性化产品设计和精准营销提供支撑。

③消费体验的智能化。随着虚拟现实（VR）、人工智能（AI）等技术的应用，智慧共享农庄将重构人们的出行和休闲方式，农庄将为消费者提供更为丰富、更加多元的消费场景。除了过去的种菜、采摘、垂钓、餐饮等休闲方式，还可以融入音乐、艺术、科技、教育等多种元素。除了可看、可听、可玩，还能可触、可感、可互动。情景式消费项目将成为农庄的标配，消费者的体验将得到极大的改善和提升。

（4）基于互联网的社区支持农业模式。随着城市化进程的发展，乡村人口不断向城市转移，闲置土地被流转承租。如何既保住农民的菜园子，又让农民获得利益，减小城市与乡村之间的收入差距？城乡相互提携、团结合作必不可少。为了不让少数大企业和中间商操纵当地的农业经济，为了让城市社区居民能够获得种类丰富、价格实惠、绿色、有机、安全的食物，城市社区与那些希望有稳定客源的农场和农民建立经济合作关系，农场成为社区的农场，农民与消费者互相支持，共同承担农产品生产的风险，分享利益。物联网技术的应用与物联网平台的构建可以使消费者获得更多社区支持农业的信息，并促进制度信任的形成，使社区支持农业赢得更多消费者。这便是基于互联网的社区支持农业模式。

基于互联网的社区支持农业模式的建立，避免了传统社区支持农业在运营过程中的弊端，拉近了社区消费者与生产者的距离，增加了彼此的信任度。从生产者角度看，该模式在互联网技术与物联网平台的基础上，拓宽了消费者的群体，生产者可以据此整合农场的人、财、物资源，提早编制全年种植、养殖计划，实现线上农场动植物实时视频监控、水肥管控、远程操作、经验交流、订单操作、全产业链追踪配送等；从消费者角度看，消费者也可加入保障农场食品安全的行列，可以作为农户星探，推荐优秀的生产者，还可以申请成为品牌特工，不定期去农场暗访或考察体验，进一步确保产品品质。

基于互联网的社区支持农业模式的建立，可进一步拉近城市社区与乡村的距离，达成健康长久的合作协议。农场作为城市社区居民的蔬菜供应合作基地，用生态的方式生产健康的食物，农民和消费者组成了一种利益共同体，农民可拥有足够的条件生产绿色、有机的健康食品，农民和消费者之间的信任得到加固。这种相互提携、团结合作的农业模式是今后一段时间共享农庄发展的主要方向。

四、"农家乐"

"农家乐"源于欧洲的西班牙。20世纪60年代初，西班牙一些农场主把自家房屋改造、装修为旅馆，用以招待过往客人，并为客人提供徒步旅游、骑马、滑翔、登山、漂流、农事活动等体验项目，从而开创了世界"农家乐"旅游的先河。此后，"农家乐"在美国、法国、意大利、波兰、日本、马来西亚、韩国等国家得到发展。我国真正意义上的"农家乐"始于20世纪90年代。"农家乐"以其浓厚的乡土气息和田园文化特色，逐渐发展成为旅游产业的一个新亮点，它适应我国城镇居民回归自然的心理需求，吸引了许多城镇游客的眼光。在浙江、湖南、湖北、陕西、四川、上海等许多地方涌现出"农家乐"旅游的热潮，形成"农家乐"产业链，极大地促进了当地经济的发展。

1. "农家乐"的概念

"农家乐"是以农民家庭为基本接待单位，以农业农村农事为载体，以"吃农家饭、住农家屋、干农家活、享农家乐"为主要内容，以利用自然生态与环境资源、农村活动以及农民生活资源经营旅游项目、体验生活为特色的观光农业项目。

"农家乐"一般是在原有的农田、果园、牧场、养殖场的基础上，将环境略加美化和修饰，以纯朴的农家风光吸引城市居民前来观光游览。"农家乐"定位于休闲类旅游，既无涉水之险，也无爬山之累。在依山傍水的农庄庭院中，或林荫寂寂，或竹影幽幽，或花果飘香，或鸟语婉转，或小桥流水，或芳草成茵，或打牌下棋，或饮茶畅谈，给人一种心旷神怡、身心舒畅之感。游客犹如置身世外桃源，尽情享受清静与悠闲。此外，"农家乐"也具有很强的参与性，能让每个游客亲自动手，在轻松、愉快的参与过程中获得返璞归真的感受。

"农家乐"相对于其他休闲农业发展模式，具有以下几个方面的特点：

（1）以中、低收入层次的城镇居民游客为主。观光农园费用一般比较便宜，旅游消费实惠，颇受游客们的青睐。

（2）具有观光农业最基本的乡土性。游客可以直接贴近大自然，直接参与农家所进行的各种农事活动，还可以品尝以前没有见过或很少见到的农产品，或者品尝自己付出劳动后得到的劳动果实。

（3）观光项目受到农业生产季节性的限制，淡季、旺季差别十分明显。通常生产管理季节是观光旅游的淡季，游客寥寥无几，旅游收入很少；在收获季节则游客较多，令人应接不暇。

2. "农家乐" 的发展模式

对如今发展较为成熟的"农家乐"旅游模式进行分析，可以发现其主要包括以下四种类型：

（1）观光果园型"农家乐"。观光果园型"农家乐"主要是以当地具有一定观光性、富有地方特色的瓜果苗木作为依托的特色"农家乐"旅游模式。这种模式在利用特色瓜果苗木吸引游客的同时，也增加了"农家乐"的收入，有利于促进乡村旅游的良好发展。

（2）农家园林型"农家乐"。农家园林型"农家乐"主要突出了花卉、盆景、苗木的地方特色，借助这类资源构建出富有自然特性的空间环境，受到广大旅游者的青睐和欢迎。

（3）花园客栈型"农家乐"。花园客栈型"农家乐"也是"农家乐"旅游模式中的典型代表，这类"农家乐"充分利用乡村特色优势，将农业生产组织转变为地域性的旅游企业，实现了对旅游资源的充分挖掘，通过美化农业用地，使其成为"花园客栈"，以此带动"农家乐"旅游的持续发展。

（4）景区旅社型"农家乐"。景区旅社型"农家乐"主要借助自然风景区等自然资源，构建中、低档旅社。

农家如何变身"农家乐"？看看这些乡村人气爆棚的"农家乐"

除此之外，"农家乐"旅游模式还包括养殖科普型、农事体验型等类型，这些模式都对当地的旅游经济产生了较为积极的影响。但在"农家乐"建设过程中，很多地方还处于模仿和探索的阶段，地方特色和民族特色并没有得到充分挖掘和体现，"农家乐"旅游发展模式仍有很大发展空间。

五、乡村民宿

乡村民宿兴起于 20 世纪 50 年代的英国、美国。当时的乡村民宿具有私人服务的特质，多为主人自己经营，客人与主人有一定程度上的交流，并有特殊的机会去认识当地环境，属于家庭式招待。20 世纪 70 年代，日本开始出现乡村民宿，并形成了专有名词"Minshuku"，该词后来成为中文"乡村民宿"一词的来源。我国的乡村民宿最早出现于 20 世纪 80 年代的台湾垦丁，现已成为台湾旅游发展的重要品牌和核心竞争力。20 世纪 90 年代，乡村民宿传入中国大陆，主要形式以"农家乐"和家庭旅馆为主。随着休闲度假旅游的发展，我国的乡村民宿业得到蓬勃发展。

1. 乡村民宿的概念

乡村民宿是指利用自用住宅空闲房间，结合当地的人文、自然景观，生态环境资源，以及农、林、牧、渔生产活动，为外出郊游或远行的旅客提供个性化住宿场所。除了一般常见的饭店以及旅社之外，其他可以提供旅客住宿的地方，例如民宅、休闲中心、农庄、农舍、牧场等，都可以归为乡村民宿类。

乡村民宿的产生是必然的，在世界各地都可看到类似性质的服务。"乡村民宿"这个名称在不同国家会因环境、生活习惯与文化习俗的不同而略有差异。例如，欧洲各国多是农庄式乡村民宿，这类乡村民宿具备让游客体验农庄田园生活、享受农庄乡土风情的功能与环境；美国则多为居家式乡村民宿或旅舍，不刻意布置居家住宿，其价格比饭店住宿更便宜。

2. 乡村民宿发展的模式

（1）自然风光型乡村民宿。自然风光型乡村民宿是以周边江河湖海、山林、田园等自然景观为资源条件，在民宿建筑设计方面与周边自然资源尽量融合，如摆设美丽景观照片、介绍景观由来与传说等。该类乡村民宿可与当地旅行社合作，为游客策划周边景区的观光游线；可在聚居区内为游客组织临时拼团；可与周边风景区合作，推广住宿减免门票等活动。

（2）历史人文型乡村民宿。历史人文型乡村民宿是以附近古城、古镇、古村落、古道、古街区为资源条件，建筑风格以展示当地文化传承和风俗习惯为主。该类乡村民宿的经营者通常会群策群力打造以年代感为主题的民宿风格，提供畅谈历史、聆听当地民间故事、分享文娱节庆活动细节等服务，为游客营造梦回古代的穿越体验。

（3）特色体验型乡村民宿。特色体验型乡村民宿分为依托当地特色景点资源体验型和依托创意农业业态衍生体验型两种类型。例如，浙江省象山县新桥镇的乡村民宿依托象山影视城而繁荣，宁波市宁海县南溪村的乡村民宿则依托当地的特色温泉而闻名。这些依托特色景点资源体验型乡村民宿品牌塑造的重点是，对内提升管理服务质量，对外跨区域大力宣传。依托创意农业业态衍生体验型乡村民宿未来发展的潜力更为可观。例如，在以往采摘垂钓的传统体验活动基础上，完善更多的参与活动类型，各聚集区可依托当地某一种农产品设计体验项目，为游客提供多样化的参与体验套餐，将特色体验发挥到极致。

（4）新村展示型乡村民宿。新村展示型乡村民宿是结合"美丽乡村"建设、"三改一拆"工程、"五水共治"建设、"多彩农业美丽田园"创建、"厕所革命"实施、垃圾分类处理等工作进行塑造的乡村民宿发展模式。其主题是展现新农村风貌，适当融入城市科技元素，打造乡村夜生活，引进城市医疗、购物的便利化服务，完善运动休闲设施等，让游客同时享受乡村的优美环境和城市的便利服务。

农场与民宿的完美结合——美国田纳西州河畔之家酒店的启发

六、农旅特色小镇

农旅特色小镇最早起源于 19 世纪 30 年代的欧洲，其发展已较为成熟。我国发展农旅特色小镇相对较晚，自 2016 年开始在全国范围内推广特色小镇建设。乡村振兴战略的实施对农业农村发展提出新要求，农旅特色小镇建设乘时代东风而蓬勃发展。

1. 农旅特色小镇的概念

农旅特色小镇是一种以农业产业与旅游产业相结合的新兴交叉性产业为主要业态，依靠本地区的农业基础条件和特色环境条件，在充分尊重农业产业功能的基础上，合理开发特色农业旅游资源、土地资源、文化资源，打造以农业休闲旅游项目、农村产业创新项目、农村商业地产项目、农业文化保护项目为核心的，集合一定产业、生态、文化和社区功能的特色小镇类型。鲜明的农业产业定位、农业旅游特征和农业文化内涵是农旅特色小镇区别于其他类型特色小镇的关键要素。同时，农旅特色小镇强调"镇"的要素，即在强调农旅产业特色的同时，更强调发挥"社区功能"方面的作用。

农旅特色小镇是特色小镇的重要类型之一，在农村经济提升、农业产业创新发展以及美丽乡村建设等方面发挥着重要作用。农旅特色小镇发展强劲、功能多样、机制灵活，是产业集聚发展、经济转型升级、文化传承发扬、生态绿色集约的重要实现途径和手段。作为特色小镇的重要类型，农旅特色小镇具有综合性、体验性、原乡性、自然性、社区性等特征。

（1）综合性。农旅特色小镇的综合性包括产业综合性和服务综合性两个方面。

产业综合性是指农旅特色小镇的主导产业是农业和旅游业的融合。农旅特色小镇将农林牧渔业、副食品业、农产品加工业、设施农业、智慧农业等广义的农业产业与休闲、旅游、文化、科教、养生养老等产业深度融合，形成具备多类型产业特征的综合性特色产业。

服务综合性是指农旅特色小镇可以提供多元化服务，除农产品销售、农村餐饮住宿、田园风景观光等传统服务项目之外，还增加了生产体验、文化普及、科技研究、创新创业、电商扩展等新兴服务项目，充分体现小镇的多元化、综合化服务特征。

（2）体验性。体验性是农旅特色小镇的核心特征之一。农旅特色小镇通过提供农业生产环节体验（包括种植、采摘、运输）、农产品体验（包括农产品品尝、加工、购买）、民俗民风体验（包括演艺、节庆）、乡村生活风貌体验（包括住宿餐饮、景观欣赏）等体验活动，满足游客对农业生产、乡村生活、田园环境的娱乐需求、求知需求和审美需求，使游客获得愉悦感、参与感和归属感。

（3）原乡性。原乡性是农旅特色小镇区别于其他特色小镇的特色优势和吸引客源的强有力要素。"原乡"的本意是"原色本乡"，是指环境事物、氛围营造与本土环境、传统文化和当地价值观的有机契合。农旅特色小镇在规划建设的过程中强调尊重自然、尊重景观本色、尊重乡村本真，保留本地区传统生产生活方式和民俗民风。农旅特色小镇的原乡性特征，迎合了现代都市人群回归田园、寻找乡愁的愿望与需求。

（4）自然性。自然性是农旅特色小镇建设生态要求的体现，也是可持续发展观的体现。优美的田园环境是农旅特色小镇的重要组成部分，良好的人居环境和生态环境是增加受众体验满意度的必要元素之一。因此，农旅特色小镇在通过自然性特征吸引客源、改善环境的同时，要进一步激发该区域空间相关群体的生态保护意识，使小镇的自然性特征得到进一步凸显与发展，形成推进生态文明的良性循环。

（5）社区性。打造宜产、宜游、宜居的生产生活空间是农旅特色小镇的核心目标，社区性是农旅特色小镇生活功能的集中展现。农旅特色小镇是实现城乡统筹发展、创新农村生活方式的重要举措，是满足新时代社区性要求的重要平台。作为"产、城、人、文"四位一体的新型空间，农旅特色小镇既强调产业发展，又强化生活功能配套、生活环境改善，是符合现代人生产生活二元需求的新型社区。

2. 农旅特色小镇的发展模式

针对我国现阶段农业农村农民发展现状，农旅特色小镇的发展可归纳为三种模式，即：促进环境、设施与服务共享的镇村互动、产镇融合模式；立足产业根本，注重收益与人气的以农促旅、以旅强农模式；强调资源根植性与产业化，协调资源保护与可持续发展的资源整合、差异发展模式。

（1）镇村互动、产镇融合模式。这种模式的目的是通过加强城镇与农村的互动连接及农旅产业与特色小镇规划的融合，实现农旅特色小镇的健康和谐发展，解决农旅发展与整体规划割裂的问题。这种模式的实质是把农业和旅游作为加强农村与城镇协调发展的纽带，将农村、城镇、生产、生活四大要素通过农旅特色小镇的综合规划与组织捏合成一个整体。在规划建设方面，要立足本色与特色，强化规划引领，加强基础设施和服务能力建设。由农村提供农旅发展的资源环境及农业生产区域，促进城镇的经济发展，为城镇创造地域环境价值，提供发展建设基础；由城镇提供配套服务，拓展旅游市场类型，以此调动农民生产的积极性，促进农业旅游及农村的发展。在产业发展方面，要注重特色发展，努力提升技术、提高产业层次，立足于原有的特色产业基础，着力培育富有特色的主导产业，打造特而强的产业发展核心。在经营管理方面，要因地制宜，分类推进，发挥政府和市场作用，突出企业的市场主体地位，完善多元化管理，通过农业和旅游使农村与城镇紧密联系，使产业发展、人居生活与农旅特色小镇的空间和功能结合，实现镇村深度互动、产镇融合发展。

（2）以农促旅、以旅强农模式。这种模式是在自身资源环境的基础上，充分利用农业自然环境、农业生产经营、农耕文化生活等资源，推动原有单一基础农业逐渐向农旅融合、以农促旅、以旅强农的方向转变，将传统农业从第一产业延伸到第三产业，形成以传统的农耕生产为主体、以旅游市场为导向、以科技为依托、以农民增收为主线的农旅结合新业态。

农旅特色小镇有良好的农业资源基础，不能忽略基础农业本身对于小镇的重要性，基础农业仍是小镇的发展主体、立足之本。要采用当地农业特色产品与旅游、物流、互联网等相结合的"特色产品＋"发展模式，将农业生产、农业景观和农业产品等融入旅游产品之中，打造具有体验价值的农业生产和产品项目。要通过旅游市场的导入带动农业发展、提高产品知名度、增加农业收入，通过农业与旅游的融合发展，革新当地的传统农业生产方式，促进当地经济增长和社会发展。

在发展过程中，基础农业、科技农业、观光农业、技术农业等四大农业类型应同时发展：一是把基础农业打造成田园化大景观，引入经济观赏类动植物种养，形成田园景观的同时提高农业收入；二是重点扶持科技农业上市企业公司，并扩大公司规模和影响力，带动相应观赏、科普，与第三产业形成联动；三是深入挖掘观光农业潜力，提高设施水平和接待水平；四是建设技术农业苗种基地，加强技术水平和苗种质量提升，在区域中实现竞争力提升。四类农业共同发展，旅游与农业产业融合、与生态环境结合，建成融特色农业、生态采摘、户外拓展、文化体验等为一体的旅游线路，既可拓展旅游市场、促进旅游发展，又可以通过旅游发展推动农业基础设施建设，促进农业生产发展，从而形成以农促旅、以旅强农的良性循环。

（3）资源整合、差异发展模式。农旅特色小镇不仅要在农旅方面做大做强，还应结合当地特有的各式元素，放大自身优势，在休闲农业与乡村旅游等农旅发展方面形成差异化开发。这样可以充分发挥农旅特色小镇的资源优势，深入挖掘当地特色自然资源与人文资源，与当地的农业特色资源有机结合，以旅游的方式将特色资源串联起来。同时，可以最大限度地利用自然资源，将各项目重点与田园开放空间有机交错地布置于山水环境之间，盘活山水的生命力。

农旅特色小镇要实现资源整合、差异发展，就要将人文资源依附在农业环境当中，保留传统农耕文化，鼓励当地特色民居进行乡村民宿改造、提升接待水平、提取民居符号，在乡村民宿等建筑设施中加以融合体现；要将整合资源与农业产业发展相结合，将当地特有文化及非物质文化遗产与农业旅游相结合，围绕整合农旅特色资源，打造小镇特色旅游体系，发展特色乡村旅游，提高农旅影响力；要依托自身资源环境，寻找当地农旅核心特色要素，进行差异化开发，书写当地特色"名片"，用原汁原味的农村风情感染游客，促进经济发展，形成品牌效应。

农旅特色小镇品牌的核心在于"特色"，核心特色产业是经济发展、空间格局优化、人口合理集聚、环境和谐宜居的重要支撑。在培育农旅特色小镇自身品牌文化价值的同时，要将农旅特色小镇发展与品牌建设统一起来，激发小镇自身在资源禀赋、产业发展、历史传承等方面的根植性和活力，形成独特的文化标志和小镇精神，构建农旅特色小镇品牌的文化内核。

七、农业公园

"农业公园"一词最早出现在日本，是在都市观光型农业发展过程中出现的一种经营模式。随着"逆城市化"思想的发展，包含农业生产景观的园区相继在欧美国家出现。当前，现代农业公园在美国、欧洲和日本等地较为流行，发展较成熟且各有所长。美国和欧洲的现代农业公园多在家族农场的基础上建成，具有一定的历史和文化积淀。例如，德国的市民庭院农业是指市民在自家花园中种植少量蔬菜和粮食；法国利用农业的生态和景观功能，将农业种植、养殖地区与居住区用绿色隔离带分开，以营造一种宁静、清洁的生活景观。与德国、法国、美国等欧美国家相比，日本的现代农业公园在农耕文化传承、气候地理条件、产品消费结构等方面独具特色。

现代农业公园在我国起步较晚。20 世纪 90 年代，我国香港和台湾地区出现许多生态教育农园。总体而言，我国农业公园的发展还处于起步阶段，是继"农家乐""渔家乐""花家乐""林家乐"及生态观光农业园等乡村旅游业态之后兴起的一种新型乡村休闲方式。

1. 农业公园的概念

农业公园是以自然村庄和原住民的生活、生产圈为核心，涵盖园林化的乡村、生态化的田园、现代化的农业生产等景观，融农耕文化、民俗文化和乡村产业文化等为一体的新型公园形态。

农业公园的经营思路与城市公园不同。农业公园是以原住民生活区域为核心，融入低碳环保、循环可持续的发展理念，利用农村广阔的田野和绿色的村庄，将农业生产、乡村生活、农耕文化体验相结合，将田野和村庄打造成具有生态休闲和乡土文化气息的现代农园。农业公园涵盖了园林化的乡村景观、生态化的郊野田园、景观化的农耕文化、产业化的组织形式、现代化的农业生产等内容，是现代农业园林景观与休闲、度假、游憩、学习的规模化乡村旅游的综合体。

农业公园的定义目前尚不统一。有的学者将农业公园视为观光农业的一种类型，与观光农园、教育农园、休闲农场、市民农园相并列；有的学者将农业公园视为一种特殊的公园，认为它是按照公园的经营思路，将农业生产场所、农产品消费场所和休闲旅游场所结合于一体；有的学者将农业公园视为与都市相联系的农业形态，视其为多元化、复合型的生态经济系统。总之，农业公园是一种介于城市公园与农业生产景观之间的复合系统，既不同于纯粹的农业，也有别于一般的城市公园与风景区，是用多学科理论与先进技术武装起来的综合体。

2. 农业公园的发展模式

我国的农业公园建设目前已经形成了多种不同的模式。按其主要功能划分，有旅游观光型、休闲度假型、科技服务型等模式；按区域位置划分，有都市型、乡村型等模式；按产业数量划分，有单一型、复合型等模式；按产权所属划分，有政府主导模式、村集体主导模式、公司制模式，其中政府主导是主流模式，具体有"政府＋企业＋农户"模式、"政府＋合作社＋农户"模式等。例如，我国首个国家农业公园试点项目——兰陵国家农业公园，位于山东省兰陵县代村。兰陵国家农业公园采取"政府＋企业＋农户"模式，通过政府投资、公园所在村集体投资、招商引资等途径筹集资金 10 亿元，村集体成立开发运营园区的开发有限公司，被流转土地的农民优先就地就业。兰陵国家农业公园引入了 20 多家农业研发企业，从事农产品新品种开发、农业科技的试验与普及工作，还通过承包租赁方式引入蔬菜花卉农业公司、专业合作社甚至种植养殖大户。又如，位于海南省琼海市的龙寿洋国家农业公园采取"政府＋合作社＋农户"模式，园区有龙舟广场、儒家文化广场、大棚瓜菜基地、兰花基地、草莓基地、垂钓区、莲藕基地、槟榔谷、蔬菜基地、"农家乐"等 17 个建设项目。该农业公园的农业基地、"农家乐"等项目由政府投资建设、由当地农民专业合作社经营，其中"碧野红莓"占地 3.33 公顷，由专业合作社的 12 户农民承包经营，通过出售产品、游客自主采摘等方式获得经营性收入。通过这一模式，农民可以从中获得财产性收入、生产性收入、经营性收入、工资性收入等四种收入。

近年来，我国农业公园建设的探索与实践取得了很大成效。例如，中牟国家农业公园于 2012 年 4 月在河南省中牟县开工建设，计划总投资 35 亿元，其中企业投资 28 亿元，政府投资 7 亿元。公园占地 471.5 公顷，主要规划建设设施农业种植示范园、优质水产养殖示范区、农业文化创意园、花卉高新科技示范园、精品果蔬示范园、综合管理服务区 6 个功能分区。园区内共有 15 家企业，涵盖农业、旅游、会展、科研、农产品交易、物流等多个行业。

但在我国，只有那些由国家相关部门审批立项，具有良好的农业产业、环境景观和历史文化等全国性区域特色资源禀赋的项目才能进入国家农业公园的体系。中华人民共和国国务院发展研究中心组织编写的《中国国家公园体制建设报告（2019—2020）》（被业界称为"第一本国家公园蓝皮书")指出,考虑到动物与植物的活动与生长规律,国家公园的区划面积应不小于1万公顷。按照这个标准,目前我国的农业公园距离成为国家公园还有很大差距。

2017年9月,中共中央办公厅、国务院办公厅印发《建立国家公园体制总体方案》,明确了国家公园定位:"国家公园是我国自然保护地最重要类型之一,属于全国主体功能区规划中的禁止开发区域,纳入全国生态保护红线区域管控范围,实行最严格的保护。国家公园的首要功能是重要自然生态系统的原真性、完整性保护,同时兼具科研、教育、游憩等综合功能。"农业公园要上升为国家公园,必须统一规范管理、明晰资源权属,探索将域内全民所有的自然资源资产委托由已经明确的管理机构负责保护和运营管理,科学确定全民所有和集体所有各自的产权结构,合理分割并保护所有权、管理权、特许经营权等。不同发展模式下,由于投资结构不同,主体所得收益差异很大,农业公园在体制机制创新的同时,必须兼顾不同主体的利益,实现可持续发展。这是我国当前及今后一段时间农业公园建设发展的方向。

第三节| 休闲农业规划

根据《现代汉语词典》的定义，规划是指比较全面、长远的发展计划。在实际应用中，规划是指对一个系统或研究对象的发展远景所做的科学、切实可行的设计。规划有不同的分类方法：按属性划分，可分为概念规划和技术规划；按设计范围划分，可分为宏观规划和微观规划；按对象和功能划分，可分为总体规划、专项规划和区域规划。休闲农业规划属于专项规划的一种。

具体而言，休闲农业规划是指在对休闲农业资源或条件进行全面调研分析与评估论证的基础上，确定休闲农业园区的定位与开发方向，进行总体布局，并根据组织结构需要，将休闲农业园区按不同性质与功能进行空间区划及项目规划设计。

2016 年 9 月，农业部会同国家发展和改革委员会、财政部等 14 个部门联合印发《关于大力发展休闲农业的指导意见》（农加发〔2016〕3号），明确提出，加强休闲农业规划引导，按照生产生活生态统一、一二三产业融合的总体要求，围绕农业生产过程、农民劳动生活和农村风情风貌，遵循乡村自身发展规律，因地制宜科学编制发展规划，调整产业结构，优化发展布局，补农村短板，扬农村长处，注意乡土味道，保留乡村风貌，留住田园乡愁，形成串点成线、连片成带、集群成圈的发展格局。要挖掘农业文明，注重参与体验，突出文化特色，加大资源整合力度，形成集农业生产、农耕体验、文化娱乐、教育展示、水族观赏、休闲垂钓、产品加工销售于一体的休闲农业点（村、园），打造生产标准化、经营集约化、服务规范化、功能多样化的休闲农业产业带和产业群。积极推进"多规合一"，注重休闲农业专项规划与当地经济社会发展规划、城乡规划、土地利用规划、易地扶贫搬迁规划等的有效衔接。依托休闲农业点（村、园）、乡村旅游区建设搬迁安置区，着力解决易地扶贫搬迁群众的就业脱贫问题。

休闲农业是一新型产业形态和消费业态，它的经营内容涵盖农业、生态环境、旅游、休闲、文化等多个方面。在休闲农业园区开发建设之前，运用多学科知识，对休闲农业资源或条件进行全面调研分析和评估论证，科学、合理制定规划，可为其提供宏观性、方向性、指导性的决策依据，可避免盲目性，为休闲农业园区建设明确定位、突出特色、形成规模、打造亮点、做出品牌提供遵循，对促进休闲农业高质量可持续发展具有十分重要的意义。

一、休闲农业资源分类与评价

（一）休闲农业资源分类

休闲农业资源是休闲农业规划和开发的基础。休闲农业资源种类繁多，涵盖生产资源、生活资源和生态资源，较传统农业资源更为宽广。生产方面的休闲农业资源，可以给游客提供各种农业知识；生活方面的休闲农业资源，可以给游客提供不同的农村生活体验；生态方面的休闲农业资源，可以让游客体会人与自然的关系。

1. 休闲农业生产资源

休闲农业生产资源一般是指与农业生产加工密切相关的资源，如农作物、农耕活动、农机具、家畜家禽及水产等。

（1）农作物。农作物主要可分为粮食作物、经济作物、绿肥与饲料作物、园艺作物、药用作物等，作物类型不同、用途各异（表1-2）。

表1-2　农作物资源种类及应用

农作物种类		应用
粮食作物	禾谷类作物	稻谷、小麦、大麦、黑麦、燕麦、小米、高粱、玉米等，大部分属禾本科	可呈现大面积景观
	豆科类作物	大豆、豌豆、绿豆、菜豆等杂粮，提供植物性蛋白质	绿篱、绿肥等
	薯芋类作物	马铃薯、甘薯、山药、魔芋、木薯等，可用于生产淀粉	地被植物

（续）

农作物种类			应用
经济作物	纤维作物	种子纤维，如棉花等；韧皮纤维，如黄麻、洋麻、苎麻等	特殊造景
	油及糖料作物	油菜、花生、芝麻、向日葵、甘蔗、甜菜等	景观植物、制作过程的操作与参观
	嗜好作物	烟草、茶叶、咖啡等	植物介绍、饮品
	香料作物	薄荷、香茅、玫瑰、茉莉、迷迭香等	调味、香精、香料、认知教育
	其他	红花、番红花、蓝靛等	特色用途
绿肥及饲料作物	绿肥作物	紫云英、苜蓿、水葫芦、水浮莲等	农田景观、有机农业
	饲料作物	黑麦草、燕麦草等	农田景观、教学等
园艺作物	果树	常绿果树：香蕉、菠萝、柑橘、枇杷等。落叶果树：李、桃、苹果等	采摘、观赏、景观树木等
	蔬菜	根菜类：萝卜、大头菜等。叶菜类：菠菜、白菜等。果菜类：辣椒、茄子等。瓜类：南瓜、冬瓜等。食用菌类：平菇、香菇、木耳等	市民农园、料理材料、景观材料
	花卉	切花或盆花类：菊花、翠菊、金鱼草等。球根类：百合、水仙、唐菖蒲等	景观植物、观赏、采摘
药用植物	药草	人参、枸杞、地黄、黄连、贝母等	药膳、中草药园、认知教育

（2）农耕活动。农耕活动主要包括水田、旱地、果园、菜园、花卉、茶园等的耕作活动。其中，水田耕作主要有水稻的插秧、播种、病虫害防治、除草、收割等，水生植物的种植、采摘（如采莲蓬、挖藕）等，可供游客参观或者体验；旱地耕作活动主要有玉米、花生、油菜、棉花等作物的耕种、除草、采收等，可供游客参观或者参与采收；果园的耕作活动主要是果树的种植、修剪、疏果、套袋和采摘等，可进行过程解说或供游客采摘；菜园和花卉的耕作活动主要有播种、管理、采收，可开发成市民农园或者供市民参与采摘；茶园的耕作活动有修剪、管理、采茶、制茶等，可开展采茶、制茶、茶道表演、品茶等。

（3）农机具。农机具是指农民在从事农事活动过程中使用的有特色的工具，可供展示、体验、制作成纪念品等（表1-3）。

表1-3　农机具资源种类及应用

农机具种类		应用
耕作工具	犁、耙、锄头、镰刀、柴刀、水车、脱粒机等	展示、实际操作、制作成为纪念品
食品加工及织布工具	风车、舂米、石磨、织布机、纺纱机等	展示、体验
防雨防晒工具	草帽、斗笠、蓑衣等	展示、穿着
运输工具	独轮车、人力车、畜力车、铁牛车、吊笼等	展示、游园交通
装盛及晾晒工具	麻袋、箩筐、簸箕、木桶、铁皮桶、米筛、篾器、藤器等	手工艺品、装饰品、环保用品
储藏工具	陶器、罐子、谷仓等	展示

（4）家畜、家禽及水产。家畜包括猪、牛、马、羊、兔子等，可供游客观赏、喂养、骑玩，或举办动物活动比赛等；家禽包括鸡、鸭、鹅、鸽子等，可圈养或散养，供游客观赏、识别或喂养；水产包括青、草、鲢、鳙四大家鱼，以及观赏鱼类、特种水产等，可供游客喂养、观赏、垂钓等。

？ 休闲农业生活资源

（1）农民习性。农民习性包括农民的方言、宗教信仰、性格特征、生活方式等。农民长期与大自然打交道，性情淳朴、热情、好客。另外，由于生产、生活方式的差异，各地的农民、牧民、渔民等也有着不同的习性。

（2）农村生活。农村生活包括农民的衣、食、住、行四个方面，如服饰、烹饪方式、饮食习俗、农家院落、民宅、村道等（表1-4）。

表1-4　农村生活资源种类及应用

农村生活资源种类		应用
衣	衣服、帽子、鞋子、饰品、被褥等	展示、纪念品
食	饮食种类、烹饪器具、烹饪方式、饮食器具、饮食禁忌等	土特产、美食、礼品、纪念品

（续）

	农村生活资源种类	应用
住	民宅、农家院落、庙宇、祠堂等	展示、穿着
行	村道、交通工具等	参观、交通工具体验

（3）民俗文化与庆典。我国农村具有非常丰富的民俗文化，这些民俗文化具有很强的地方特色，是最吸引游客之处。民俗文化包括民间雕刻、陶艺、绘画等工艺，民间杂技、地方戏曲、民谣等表演艺术，畜禽肉类、豆制品类、糕饼、甜点等美食小吃，赏花灯、舞狮、赛龙舟等节庆活动（表1-5）。

表1-5 农村民俗文化资源种类及应用

	农村民俗文化资源种类	应用
工艺	雕刻、绘画、陶艺、泥塑、编织等	表演、体验、教学、纪念品、装饰
表演艺术	杂技、地方戏曲、乐器、民谣	表演、教学
美食小吃	畜禽肉类、水产品类、米面类、豆制品类以及糕饼、甜点、糖果、饮料等	品尝、教学、购买
节庆活动	赏花灯、赛龙舟、舞狮、泼水等节庆活动	观赏、参与、解说

3. 休闲农业生态资源

生态资源是一项自然资源，同时又与农业生产、农民生活息息相关，三者协调发展，才能达到休闲农业所强调的健康、自然、生态的要求。休闲农业生态资源包括气象条件、地形地貌、生物群落和乡村景观等。

（1）气象条件。农业生产与气象条件密切相关，我国劳动人民很早就意识到这一点。例如，二十四节气歌就是我国劳动人民在劳动生产过程中总结出来的智慧结晶，深刻反映了农业生产与气象条件的密切相关性。此外，农村与城市迥异的气象景观，如雾凇、云雾、雨雪、日出、日落等，能给游客带来独特感受。

（2）地形地貌。不同地域的乡村，具有不同的山势、土壤、水文等地形地貌特征。利用好当地的地形地貌特征，对休闲农业开发很重要。例如，梯田和山坡茶园可以供游客观光，陡峭的悬崖峭壁可以满足游客探险、猎奇的心理等。

（3）生物群落。乡间生物种类繁多，充满着活泼气息。重峦叠嶂的山林，涟波漪漪的水面，遍地的农作物和野草闲花，其间还有鹭鸶、麻雀、蚯蚓、泥鳅、青蛙、蝴蝶、蜻蜓、萤火虫、蝉等各种动物在欢快自由地生活。农村生物群落既让人赏心悦目、放松自我，又让人增长知识，激发人们特别是小朋友对大自然的好奇心。利用好农村生物群落资源进行休闲农业开发，能令游客充分领略乡间情趣和回归自然的意境。

（4）乡村景观。乡村景观包括全景景观、特色景观、焦点景观、围闭景观、框景景观、细部景观、瞬间景观等类型。全景景观是以地平线为主导，通常由远处观赏，如山地村落、平原中的田野、散落的村庄民居等；特色景观是具有乡村特色的景观，如稻田、果园、传统部落等；焦点景观是吸引人视线、具有明显标志物的景观，如某种特别的农作物、树木、庙宇等；围闭景观是被地形、树木、围墙围闭起来的景观，如村庄中的巷道、林间的小径等；框景景观是利用建筑物的门、窗、洞等，或者大树的枝干等框住景观，可以在风景优美的地方设框收景，或者在门框、窗框等处创造优美的景观；细部景观需要走近才能体会，如稻草发出的淡淡清香、农宅门框上的花纹等；瞬间景观不是经常存在的，只是偶尔或特定时刻出现，如蛙鸣、鸟叫、日出、水田插秧等。

（二）休闲农业资源评价

休闲农业资源评价是休闲农业规划和开发的基础性工作，是在调查的基础上，通过对一定区域的休闲农业资源自身价值以及外部开发条件进行综合评判和鉴定，为休闲农业规划建设和合理开发提供可靠依据的过程。

1. 休闲农业资源评价内容

休闲农业资源评价涉及农业、地理、历史、经济等多个领域，是一项复杂的综合性工作。结合休闲农业资源来看，休闲农业资源评价体系一般包括以下六个方面的内容：

（1）自身价值条件。休闲农业资源自身价值越高，其对游客的吸引力就越强，潜在的效益也越大。自身价值条件评价包括以下五个指标：

①美学观赏价值。美学观赏价值主要是指休闲农业资源能提供给游客

美感的种类和强度，包括形态美、色彩美、意境美、形式美、嗅觉美、动态美、韵律美等。休闲农业资源使人们感受到的美感种类越多、美感越强烈，其美学观赏价值就越高。

②康娱价值。康娱价值主要是指休闲农业资源中具有休憩、养生、保健、娱乐等方面功能的价值。康娱价值高的休闲农业资源，能很好地满足游客休闲娱乐、养生度假等高层次需求，可创造休闲农业高附加值。

③历史文化价值。休闲农业资源的历史文化价值包括农业历史考古价值、农业文明继承价值、农业文化教育价值等。一般来说，休闲农业历史文化资源产生年代越久、越稀有，就越有吸引力，如果与历史上的名人名家有关联，其历史文化价值就较高。

④科考价值。科考价值反映了休闲农业资源在自然科学、社会科学等方面的研究用途与价值，对于开展科普教育、满足游客的求知欲和好奇心具有重要意义。

⑤规模质量价值。一般来说，休闲农业资源只有在一定地域上较为集中，有一定规模，且资源要素布局合理，才具有较高的开发利用价值。

（2）自然资源条件。休闲农业资源具有强烈的地域性和季节性，自然资源条件对休闲农业开发的影响主要包括地形地貌、气象条件、生态环境等方面。

①地形地貌。地形地貌包括地貌组成类型、地形起伏状况、土壤条件（包括土壤类型、土壤肥力）以及水文条件（包括地表水状况、地下水状况、水利设施情况）等方面。其中，地貌组成类型和地形起伏状况影响休闲农业园区的可进入性、自然景观的多样性及其组合；土壤条件影响农作物及其他植被的种类、生长分布等情况；水文条件影响生物的生长与分布，决定园区生活服务用水的状况。

②气象条件。气象条件包括气温、光照、降水等，影响休闲农业园区的生物种类及其布局，决定景观类型及季节演替。

③生态环境。生态环境包括空气、土壤、水等方面的环境污染状况。一般来说，空气质量优良、土壤肥沃、水质较好的地方，其生态环境优美，对开发休闲农业较为有利。

（3）社会经济条件。休闲农业开发的社会经济条件应包括以下五个方面：

①区域经济发展水平。一个地区的社会经济发展水平决定当地居民的消费水平，也决定了休闲农业开发的规模和程度。休闲农业应根据当地的地区生产总值、人均可支配收入、可利用资金条件进行分析评估，进行合理开发。

②劳动力条件。区域人口、劳动力数量和素质，是休闲农业人力资源能否得到有效开发的保证。

③物资供应情况。休闲农业开发需要依托区域的物资供应情况，包括粮食、禽蛋、水产、蔬菜等基本生产生活资料的供应情况，以及特色商品、土特产等的供应情况。另外，特色商品的生产与供应情况与休闲农业项目开发经营密切相关。

④基础设施条件。区域内的水、电、交通、能源、通信、网络、环境保护等基础设施，是休闲农业规划和开发的必要条件。对这些基础设施条件应予以充分考虑、进行分析论证。

⑤建设用地情况。建设用地条件直接关系到休闲农业项目开发，应对建设用地的面积、地形、地质等情况进行分析评价，科学论证建设用地的可行性。

（4）市场需求状况。休闲农业市场的客源群体主要是以回归大自然、体验乡村风情和农业文化等为主要需求的城镇居民，此外还包括周边的乡村居民以及国内外其他游客。休闲农业开发者必须了解市场需求状况，必须根据市场需求来规划开发休闲农业。应根据休闲农业市场的特点、规模和需求，对休闲农业市场进行细分；应根据当地的社会经济水平、区域位置，以及游客的属性（包括年龄、职业、文化程度等）、消费目的、消费习惯、消费偏好等情况，科学分析判定休闲农业市场规模和需求；应根据季节因素、周边旅游景点、周边休闲农业开发及竞争性经营等情况，科学分析判定休闲农业市场开发潜力。

（5）区域位置条件。休闲农业开发的规模、效益和方向等在很大程度上取决于开发地的区域位置条件，包括开发地的地理区位、交通区位和经济区位等。休闲农业开发地一般要在城市与农村接壤地带，最好离城市、旅游景点、名胜古迹较近，同时交通便利。如果休闲农业开发地在特大城市附近，其与较大城市的距离可相对远一些。

（6）农业生产条件。开发地的农业生产条件对休闲农业开发的影响十分重要。农作物、畜禽、水产等农产品生产的种类、产量、商品化率与休闲农业开发呈正相关关系。应对开发地农业生产条件仔细进行分析论证，结合其他要素，确定休闲农业开发的主攻方向。

2. 休闲农业资源评价方法

休闲农业资源评价方法很多，一般采用定性和定量相结合的方法进行评价。

（1）定性评价法。定性评价法是用语言描述的形式通过哲学思辨、逻辑分析揭示被评价对象特征的信息分析和处理方法。关于休闲农业资源定性评价法，学者卢云亭提出了"三三六"评价法，即"三大价值、三大效益、六大开发条件"。其中，"三大价值"是指资源的文化价值、艺术观赏价值和科学考察价值；"三大效益"是指资源开发后的经济效益、社会效益和环境效益；"六大开发条件"是指资源所在地的开发条件，主要包括当地的地理交通条件、景象地域组合条件、旅游环境容量、游客市场容量、投资能力、施工难易程度等六个方面。学者高贤伟等人认为，应根据当地休闲农业资源的实际情况，结合居民收入、消费水平、市场需求、基础设施状况等因素进行综合考虑。学者王云才指出，休闲农业具有强烈的地域性和季节性，发展休闲农业必须充分考虑资源、区位、市场等条件，因地制宜、因时制宜。

（2）定量评价法。定量评价法是指采用数学的方法，收集和处理数据资料，对评价对象做出定量结果的价值判断。关于休闲农业资源定量评价法，学者刘庆友在分析休闲旅游开发地所包含的资源类型及属性状况的基础上，选取外围或周边吸引物、乡村资源、可进入性、基础设施和乡村性等五大因子，应用层次分析法构建休闲农业开发地资源综合评价模型。学者徐峰认为，在进行休闲农业资源评价时，要综合考虑经济效益、环境效益及社会效益，建立包括农业资源、观光资源、生态资源、季节资源四个子评价体系的休闲农业资源综合评价体系，并确定休闲农业开发地综合评价权重参考指数。

二、休闲农业规划原则与定位

1. 休闲农业规划原则

规划原则是整个规划设计工作的统领，具有举足轻重的地位。根据休闲农业的参与性、季节性、文化性、农旅合一性、内容可传播性、市场定势性等特点，将休闲农业规划原则总结如下：

（1）明确定位，主题突出。休闲农业规划定位决定着休闲农业开发的方向和道路，包括目标定位、主题定位、功能定位、产品定位、市场定位等。休闲农业规划首先要依据资源优势，从政府、企业、科研单位、农户、中介机构、游客等各参与主体的需求出发，突出重点，综合分析，明确定位，求新、求异而不求全，避免重复建设。

主题定位是休闲农业规划的核心内容，是休闲农业成功开发和可持续发展的关键。休闲农业主题定位，首先要确定主题物，如以湖泊、音乐、茶叶、云雾等为主题物，所有规划和设计围绕主题物进行；其次要确定主题形式，如以度假、休闲、生态、健身、体验、教育、红色旅游等为主题形式，围绕主题物采取富有吸引力的形式进行呈现。

（2）因地制宜，特色鲜明。这一原则适用于很多行业和领域，具有普适性。休闲农业规划必须根据各地的具体情况，结合当地的条件，制定适宜的办法，体现当地的资源特点。既要根据当地的自然环境、经济条件、风俗习惯、技术应用能力等对外来技术与文化进行有选择性的引进与吸收，又要结合当地的特点进行改造创新。因地制宜与特色鲜明是辩证统一的，因地制宜可在一定程度上强化休闲农业开发的差异性，进而突出特色。因地制宜、特色鲜明是提升休闲农业产品核心竞争力的关键。

休闲农业要打造特色，最基本的就是要有"农味"，它是吸引消费者的主体元素，更是市场竞争的关键因素。"农味"要足，要自然，要有韵味，要有个性。如果只是简单地把休闲农业理解为"吃饭、钓鱼"，会因为产品同质化而失去吸引力；如果只是简单地把城市娱乐搬进山村，则失去了休闲农业的本质属性，相当于摧毁了这个产业。农业本身具有鲜明的地域性和季节性，休闲农业规划与开发必须因地制宜，结合实际，认真调研当地的农村资源优势和风土人情，挖掘特色、突出特色、打造特色，使其具有独特魅力。

（3）和谐统一，生态优先。休闲农业是具有"三生"功能的产业，休闲农业规划与开发必须全面优化当地资源配置，处理好生产、生态、生活三者的关系，兼顾好经济、社会、生态三重效益。因此，休闲农业规划与开发要坚持人与自然和谐相处，坚持人口、资源、环境协调发展，先做生态、后做生产、再做生活，使"三生"有机结合、融为一体，走生产发展、生态良好、生活富裕的可持续发展道路。

生态优先是创造休闲农业园区舒适、恬静、自然的生产生活环境的基本原则，是保障休闲农业园区环境质量的有效举措。在休闲农业规划与开发过程中，应充分利用当地各种资源，全面优化配置，不能与环境保护相冲突，更不能破坏自然资源。应通过科学规划，对人类的活动与行为进行有效控制，将其对环境的冲击与破坏减至最低，使人类活动与环境保护维持动态平衡，使自然资源与生态体系均衡发展，实现生产、生态、生活和谐统一，实现经济效益、社会效益、生态效益统筹兼顾的发展目标。

（4）守正出新，文化全善。我国是世界"四大文明古国"之一，历史文化博大精深、源远流长，几千年的农耕史及辽阔的地域孕育了我国各地独特的传统文化和民俗风情。乡村是中国传统文化的根基和载体，乡村文化是中国传统文化的重要组成部分，是中华民族的灵魂和血脉所在。传统文化和民俗风情是休闲农业规划与开发必不可少的元素之一。应对乡村文化中体现劳动人民生存智慧的许多优秀文化加以继承出新和发扬光大，对其中沉积下来的迷信、陋习等不适宜现代社会发展的文化糟粕给予批判、弱化甚至摒弃。

休闲农业作为联系农业农村农民、涉及生产生活生态、融合一二三产业的新产业新业态，必将成为我国乡村文化传承精华、发扬光大的新载体新路径。在规划与开发过程中，应充分把握守正出新、文化至善的原则，对当地具有浓郁乡土气息的传统农作物、动物、饮食、服饰、手工艺品、戏剧、民居、风俗习惯以及农作方式等进行深层次挖掘，创造性打造内涵丰富、独具特色的文化民俗活动，充分展现教育教化、乡风乡愁、礼仪礼节、文化文艺等乡村文化丰富的内涵与功能，以此打动游客内心，丰富其精神感受，提升品位、塑造品牌，让休闲农业发展经久不衰。

（5）积极求变，创新发展。这是提升竞争力、占领市场的有力武器。随着人们生活水平和消费水平的提高、科技的创新与发展，价格优势等传统竞争优势的重要性已大大不如创新优势、品质优势等新型竞争优势。如今我国创意农业在各地如雨后春笋般涌现，休闲农业迎来蓬勃发展的大好局面。休闲农业规划与开发必须适应新形势，结合实际、发挥优势、积极求变、创新发展，追求"人无我有、人有我优、人优我特、人特我专"的优势地位。

目前，我国休闲农业规划建设普遍存在主题不明、内容单一、形式雷同等问题，认为休闲农业开发就是"吃农家饭""住农家屋""摘农家果"的观念还有待转变和提高。休闲农业规划与开发应主动融入新发展，顺应新形势，充分利用和发挥优势资源，把科技创新作为休闲农业创新发展的不竭源泉，使游客从中感受自然界的力量和科技的神奇，从而更加热爱生活、崇尚科学。例如，可以将草坪婚庆、美丽乡村建设、摄影写生、养老疗养、民俗技艺保护、物联网智慧园区等作为创新主题，着力打造创新型园区，使休闲农业项目在激励竞争中脱颖而出。

（6）适应需求，品牌强市。休闲农业是农旅结合的新型交叉产业，把握好农业与旅游两者之间的关系，就会收到"以旅带农、以农促旅、强农兴旅"的叠加效应和综合经济效益。休闲农业规划与开发必须以农业为基础，以旅游业运行架构为载体，科学分析客源市场，通过旅游业运作模式走向市场，塑造自身品牌和价值，获得更大的经济效益，建立自己的市场地位。

作为具有"农旅合一"鲜明特点的新型经济形态，休闲农业在规划与开发过程中，首先要加强市场调查，找准目标市场，规划服务产品、经营模式，紧盯市场需求、适应市场需求、引领市场需求；其次要摆脱小农意识，树立长远的战略眼光，在服务产品、服务质量、内部管理等方面树立好自身良好的品牌和形象，走以文化为内涵的品牌竞争道路，通过塑造品牌，在激烈的市场竞争中抢占一席之地。

2. 休闲农业规划定位

进行休闲农业规划定位好比作一篇文章，只有定位明确、主题鲜明才能充实相关的内容。休闲农业规划与开发应坚持市场化思维，通过充分调研，在摸清可开发休闲农业资源情况和分析周边已建休闲农业项目情况的基础上，科学定位，突出主题，营造自身特色，打造竞争优势。

（1）按种养产业规划定位。休闲农业按种养产业规划定位，可分为休闲种植、休闲养殖、休闲渔业、休闲副业、森林公园等类型。

①休闲种植。利用农作物种植，向游客展示农业生产过程和农业成果，依托农业种植开发丰富多彩的休闲游乐活动与农事体验活动。

②休闲养殖。以畜禽养殖为核心，如特色家禽养殖、休闲畜牧场等，开发丰富多彩的休闲游乐、体验活动。

③休闲渔业。利用水库、池塘、湖泊、河流等水体资源，开展垂钓、捕捞、划船、织网、食水鲜、观赏珍稀水生动物、学习养殖技术等游乐或体验活动。

④休闲副业。借助具有地方特色的民俗、特产和工艺品等，进行休闲项目开发，供游客观赏、体验和游乐。

⑤森林公园。利用森林所具有的观光和旅游价值，为游客提供观光、露营、避暑、健康养生、科学考察及探险等休闲活动。

（2）按体验活动规划定位。休闲农业按体验活动规划定位，可分为观赏、采摘、"农家乐"、科普教育、休闲度假等类型。

①观赏。利用具有观赏价值的自然景观、农业景观和民俗文化景观等资源，吸引游客前来观赏，获得浓厚的自然情趣和丰富的文化体验。

②采摘。为游客提供亲自动手采摘尝鲜体验，使游客感受收获的喜悦，同时也能获得新鲜的农产品。

③"农家乐"。为游客提供全面的乡村生活体验，游客可住农家屋、赏农家景、吃农家饭、干农家活、享农家乐。

④科普教育。利用农业观光园、农业科技示范园、农产品展览馆、农

业博览园等资源，使游客了解农业历史、学习农业生产知识、参与农事实践，从而获得深层次乐趣。

⑤休闲度假。依靠自然优美的乡野风景、舒适宜人的清新空气、独特的地热温泉、环保生态的绿色空间，新建一些休闲、娱乐设施，为游客提供休憩、度假、娱乐、餐饮、养生、健身等服务。

（3）按文化特色规划定位。休闲农业按文化特色规划定位，可分为村落乡镇、民俗风情等类型。

①村落乡镇。主要利用古村镇宅院、民族村、特色建筑和新农村建设等资源，开发休闲农业项目。

②民俗风情。主要利用农村风土人情、民俗文化等资源，充分突出农耕文化、乡土文化和民俗文化特色，开展农耕展示、民间技艺、时令民俗、节日庆典、民间歌舞等活动。

（4）按资源功能规划定位。休闲农业按资源功能规划定位，可分为运动、养生、新奇、教育、科普、社科、产业、行业、文化、艺术等类型。

①运动类。包括应急训练、素质拓展运动、趣味运动、山地运动、健身运动、军事训练、马术运动、潜水运动、球类运动等。

②养生类。包括香熏、纤体、足浴、药膳、泥疗等项目及养生植物园等。

③新奇类。包括迷你农园、闺密农园、蜜月农园、戒烟农园、奇异瓜果园、母系氏族园、乡村达人乐园、乡村音乐世界等。

④教育类。包括历史探索、文化大观、奇妙地理、亲子培训、森林小学、大自然学校等。

⑤科普类。包括化石、标本、嫁接、杂交育种、种养技术、疫病防治技术等。

⑥社科类。包括非物质文化遗产、汉字文化、图腾文化、农耕文化、民俗文化、姓氏文化、文化创意等。

⑦产业类。包括葡萄、茶叶、水稻、辣椒、玉米、蘑菇、花卉等的种植生产，家畜家禽、珍稀畜禽、水产、昆虫等的养殖生产。

⑧行业类。包括火车、航空、邮政、电力、金融、气象、水利、中医、家纺、印刷、电影等。

⑨文化类。包括红色文化、鼓文化、棋文化、美食文化、船文化、酒文化等。

⑩艺术类。包括稻草人、陶瓷、书画、乐器、木雕、刺绣、泥塑、蜡染、剪纸等。

【视频 5】
山水生态条件不错的地方，如何做休闲农业与乡村旅游？

三、休闲农业园区分区规划

休闲农业园区规划应结合地域特点，因地制宜设置不同功能区。规划分区大体上包括景观观赏区、生产区、示范区、科普教育区、采摘体验区、休闲娱乐区、管理服务区等。

1. 景观观赏区

景观观赏区通常位于地形丰富多变、景观资源良好的地段，一般占休闲农业园区总面积的30%左右，可以设置观赏型农田、特色瓜果观赏区、特色苗木观赏区、特色花卉观赏区、湿地、水域风光区等，其中特色苗木观赏区和特色花卉观赏区等还可以根据具体情况和园区的生产功能相结合。景观观赏区是游客放松身心、体会农业魅力的理想场所之一。

（1）规划元素。主要包括：大面积农田，如麦田、稻田、油菜地等；果园，如葡萄园、桃李园、梨园、橘园等；动物饲养场，如奶牛场、锦鲤池等；观赏花卉种植园，如樱花谷、海棠园、紫薇园、梅园等。

（2）规划要求。因地制宜、精心策划，突出主题特色，巧妙布局，强调景观的静态观赏，让游客真切感受到自然的生机，陶醉于田园风光。

（3）典型代表。

①南昌凤凰沟风景区。园内有连片茶海景观，有樱花谷、槭树园、海棠园、紫薇园、桃园、梨园、桑园、柿子园、橘园、老家菜园等。一年四季花开不断，景色秀美，成为南昌及周边游客休闲观光的好去处。

②深圳荔枝世界生态园。园内有大片荔枝林，还建有阴生植物园、沙漠植物园、珍奇瓜果园等集合了国内外珍稀植物品种的植物观赏园。

2. 生产区

生产区通常自然条件优越，占地面积较大，约占休闲农业园区总面积的50%。生产区可通过企业化管理手段，实现工厂化、自动化的规模生产，统一作物布局、统一田间管理操作规程、统一采收加工，实现标准化生产。生产区也是休闲农业园区重要的景观资源，可根据实际情况决定是否向游客开放。游客对休闲环境要求很高，既不希望走在泥泞的道路上，也不希望在烈日暴晒的环境下观光游览，因此应尽力打造整洁、舒适、优雅的观光环境。

（1）规划元素。主要包括：有良好的土质，有完善的灌溉设施和排水设施，适宜发展特色生产项目（如种植业、畜牧业、林业、渔业等）。

（2）规划要求。突出项目和品种特色，生产珍稀、独特和高质量的农产品，营造有吸引力的氛围，让游客认识农业生产的全过程；做好园区的总体给水、排水和道路基础设施建设，设计相应的生产保护设施。

3. 示范区

示范区以展示高科技农业生产技术为主，推广新品种、新技术和先进设施。可选择高质量、高科技含量的蔬菜瓜果品种进行常年周期性循环生产，并进行包装、销售，起到示范作用；推广现代化、工厂化、标准化的农业栽培、繁育和生产加工技术，开展科普求知活动；建立引种区、特色品种展示区、精品展示区等，满足不同层次休闲体验者的要求，同时从种质资源的角度进行储备和保护。

（1）规划元素。主要包括：国内外新型果蔬、花卉品种，如优质无公害蔬菜、巨形瓜果、番茄树、新型花卉等；农业新技术，如日光温室、无土栽培、滴灌、组织培养、园艺机械、植保器械、环境监控、自动化生产控制、工厂化生产技术、智能化农业技术、无公害生产技术、生态农业技术、农业生物技术等。

（2）规划要求。体现高科技性、示范性、科普性，展示浓缩的高科技农业技术，使游客既增长知识，又感受到农业科学的神奇魅力。

（3）典型代表。例如，南昌凤凰沟生态农业示范园区有一座3 000多米²的智能温室，设备先进，智能化程度高，令身处其中的游客领略到现代农业高新技术的魅力。

4. 科普教育区

科普教育区大概占休闲农业园区总面积的 10％。随着人们崇尚自然、回归自然的意识不断增强，传统农业的某些生产方式又开始回归，如散养鸡、放养猪、间作、轮作、绿肥还田、秸秆还田、沼液施肥等。休闲农业园区把传统农业和现代农业有机结合，大力发展有机农业生产，使园区成为自然科学和农业的"大学堂"及"博物馆"。

休闲农业园区还可为儿童和青少年设计活动用地，将科学知识和趣味活动相结合，使园区具备科普教育功能。休闲农业园区可广泛收集、整理、保存、介绍园区内农作物的品种、栽培历史、文化知识，结合儿童和青少年的活动特点，使儿童和青少年在娱乐的同时还可以进行知识充电。

（1）规划元素。主要包括：小型动植物园、博物馆、科普长廊、农耕文化展示厅等。

（2）规划要求。体现知识性、趣味性、科普性和观赏性，旨在丰富旅游者的农业科学知识和人文知识，达到寓教于乐的效果。

（3）典型代表。

①南昌溪霞国家现代农业示范园。园内的果蔬王国馆以中华五千年发展为经、以各个历史时期的灿烂文化和农业技术为纬，主要以农产品如玉米、花生、红枣、生姜、红豆、辣椒等进行大面积装饰。例如，园区内有以生姜装饰的长城，寓意"万里江（姜）山"，构思巧妙，别出心裁，让来园参观的儿童、青少年和成年游客既增长了农业方面的知识，又体验了一场生动的文化历史课。

②台湾花露休闲农场。这是位于中国台湾苗栗地区的一家以花卉为主题的农场，农场中的精油博物馆是其特色之一，也是台湾唯一的精油博物馆。馆内介绍了精油的由来和历史，介绍了很多不同的香草植物，以及香草植物精油的萃取过程，并让游客学习亲手提炼精油，调制香水、天然护肤品等。该农场还兼营各种精油的提炼，客户多为新加坡等东南亚地区的富人。

5. 采摘体验区

采摘体验区是休闲农业园区的基本功能区之一，可具体区分为不同果品的采摘区。在景观营造上，可以规划建设适当的园林小品和游憩设施、采摘路径。除了栽培采摘果品外，还可栽培蔬菜、瓜果类植物，以增加采摘的多样性和趣味性。此外，还可开辟出小范围场地作为认养区，让游客认养果树和菜地，有选择性地参与农业生产的施肥、果树修剪、水果套袋、瓜果采摘等农事活动和技术劳作，从而使游客了解果蔬生产过程，学习果蔬生产技能，体验菜农、果农的生活乐趣，返璞归真，享受田园生活。

（1）规划元素。主要包括：可供采摘或收获的农作物，如玉米、水稻、小麦、甘薯、花生等；水果，如草莓、葡萄、杨梅、柑橘、苹果、樱桃、荔枝、芒果等；蔬菜，如番茄、黄瓜、辣椒、菜花等；花卉，如玫瑰、月季、菊花、郁金香等。

（2）规划要求。体现参与性、实用性、趣味性和携带性，使游客认识农业生产的全过程，体验劳作和收获的乐趣。

6. 休闲娱乐区

休闲娱乐区大概占休闲农业园区面积的 10%，是休闲农业园区的核心区域之一。该区以动为主，动中有静，将自然景观和人工游乐设施有机结合。区内可设置小木屋、传统民居、阳光餐厅等，可将野营、烧烤、射箭等活动所在的露天娱乐场所掩映在郁郁葱葱的林木之间，还可规划一个垂钓区，营造宁静的垂钓氛围。

（1）规划元素。主要包括：乡村居所，如农家小院、民宿、乡村别墅等；乡村活动场所，如乡村戏台、茶馆等；农事活动场所及资源，如微型租赁果园菜地、自摘瓜果园、手工艺品编制中心、生态农场等；休闲场馆、垂钓娱乐场所、素质拓展设施等。

（2）娱乐项目。主要包括：手工作坊和博物馆，其中可设置瓜果长廊、风车阵、盆景、标本等；手工创意，如泥塑、陶艺、剪纸、沙画、编织等；"农家乐"，住农家屋、吃农家饭、干农家活、享农家乐等；其他活动，如品茗、放风筝、滑草、攀岩、农趣活动（如推磨、抽陀螺、踩高跷、踩水车等）、跑马等。

（3）规划要求。以休闲和体验为核心，体现参与性和趣味性，突出康体、健身、娱乐、教育等功能，注意结合当地的乡土文化、乡土生活方式和风土人情，使游客深入乡村生活空间，体验农村生活，达到让游客放松身心、体验别样生活的效果。

7. 管理服务区

管理服务区用于集中建设住宿、餐饮、购物、医疗等接待服务项目及配套设施。包括入口区、服务接待区、游客中心、产品销售区、停车场等。

大型休闲农业园区一般规划2～3个入口。主入口区包括大门、停车场、导游中心等。游客在入口区换乘园内游览车入园。

休闲农业园区的餐饮服务点，应按照游览线路和园区实际条件统筹安排，造型应新颖、独特，与乡村自然环境协调，如花园餐厅或农家小灶，以供游客进餐、休憩。

休闲农业园区住宿服务，应根据游客规模和需求，因地制宜确定接待房间、床位数量和档次比例。在合理情况下，可适当建设度假木屋、度假小别墅等，延长游客在园区停留的时间，增强园区的休闲度假功能。

休闲农业园区的机动车停放，主要结合各活动区域的出入口采取集中停放的方式。园内停车场应分设多点：首先，在园区主入口附近设停车场，大部分游客来园后在此汇聚；其次，在农产品加工、销售、配送区设停车场；最后，在都市农园和学生农庄附近设小型停车场。停车场的建设要尽显生态、自然特色，停车场要设立进出口标志、道路行驶方向及景点标志。

（1）规划元素。主要包括：办公、餐饮、住宿、停车、购物，医疗等服务场所及设施。

（2）规划要求。设施安全、便利，体现服务性和时效性，旨在为游客提供便捷、高效、有特色的管理及保障服务。

Chapter 2

第二章

休闲农业运用

第一节 | 休闲农业发展主题

发展休闲农业首先要确定其性质和发展方向，好比写一篇文章，只有明确了主题才能充实相关的内容。鲜明的主题是休闲农业成功开发和可持续发展的关键。主题定位是休闲农业园区的核心吸引力。要认真调研，摸清当地可开发的休闲农业资源情况，分析周边已建休闲农业项目特点，营造自身园区特色。有了鲜明的主题，休闲农业园区就有了独特的形象以吸引自己的目标客户群，进而形成竞争优势。

休闲农业主题定位必须坚持市场化思维，找到目标客户群，至少要找到主流目标客户群。有了目标客户群，通过主题化提升，休闲农业园区才会显示出自己的特色。

1. 按种养产业确定主题

按种养产业规划定位类型并确定主题，如休闲种植主题、休闲牧业主题、休闲渔业主题、休闲副业主题、森林公园主题等。

2. 按体验活动确定主题

按体验活动规划定位类型并确定主题，如观赏体验主题、采摘主题、农家乐主题、科普教育主题、休闲度假主题等。江西现代农业示范园（南昌黄马凤凰沟景区）、陕西杨凌现代农业示范园、山东寿光生态农业博览园、沈阳市农业博览园等就是以科普教育为主题进行休闲农业开发的成功范例。

3. 按文化特色确定主题

按文化特色规划定位类型并确定主题，如村落乡镇类主题、民俗风情类主题等。

村落乡镇类主题又可分为古民居和古宅主题、民族文化村主题、美丽乡村主题等类型。

民俗风情类主题主要类型有：农耕文化主题，包括农耕技艺、农耕用具、农耕节气、农产品加工活动等；民俗文化主题，包括居住民俗、服饰民俗、饮食民俗、礼仪民俗、节令民俗、游艺民俗等；乡土文化主题，包括民俗歌舞、民间技艺、民间戏剧、民间表演等；民族文化主题，包括民族风俗、民族习惯、民族村落、民族歌舞、民族节日、民族宗教等。新疆吐鲁番坎儿井民俗园、山东日照任家台民俗村、湖南怀化荆坪古文化村、西藏拉萨娘热民俗风情园等就是以民俗风情类为主题进行休闲农业开发的成功范例。

4. 按资源功能确定主题

按资源功能规划定位类型确定主题，如运动类主题、养生类主题、新奇类主题、教育类主题、科普类主题、社科类主题、产业类主题、行业类主题、文化类主题、艺术类主题等。

【视频 6】
以婚庆宴会、团队活动、亲自活动为主题的优秀
农庄——和道源生态农庄

第二节 | 不同产业的休闲农业做法

一、水稻产业

随着休闲农业和乡村旅游的兴起，越来越多的城市游客前往乡村游玩，尤其是那些交通便利，有高速公路、国道、省道能够直达的农村。目前能够吸引游客前往消费，从而实现盈利的休闲农业园区，大都不是以观光式旅游项目为主的，而是以参与式体验和与大自然课堂相融合的休闲旅游活动为主吸引游客的。好玩才是很多休闲农园实现盈利的主要经营特色。

水稻主题休闲农园的定位是：打造充满生命力与学习性的水稻体验学校和水稻科普教育基地。水稻生产基地做休闲农园，要树立用水稻种植体验营造游客"感动和记忆"的经营理念。

1. 参与式体验与教育式游园要贯穿到水稻主题休闲农园的每个项目中

（1）可适当收藏年代久远的农具，游客可以亲自操作体验，在不同的季节里感受水稻成长的过程。

（2）通过水稻种植体验课程设计，引导游客体验农耕生活。主要课程包括水稻栽培与管理、水稻种类与用途、农具大观和成果展现等几个方面。

（3）在水稻种植体验区，游客可在同一时间体验到水稻在各个不同时间的生长情形。此外，游客在不同季节可以体验从插秧、锄草、施肥、除虫、结穗、收割、晒谷、碾米到最后享用香喷喷的米饭这样一系列的体验活动。

（4）利用水稻种植种养结合的现代农业生产模式，创意出一系列丰富多彩的体验活动。例如，根据不同消费群体设计捉鱼、捉鳖、钓蛙、钓龙虾、捡鸭蛋等不同形式的体验活动。

（5）可以把不同阶段延伸发展成各项文娱活动课程，如参观碾米厂、学习斗笠彩绘、参与乡村大舞台节目编排、介绍方言、制作稻草人等。这些水稻体验活动不仅可以让普通城市游客体验到传统农耕文化，还能让其亲身感受农民耕种的辛苦及丰收的喜悦。

（6）通过休闲农园的水稻生产栽培体验，可以培养来自城市的孩子对农民的感恩之情，提升其对乡村劳动"汗滴禾下土""粒粒皆辛苦"的认同感，激发其学习的动力。

2. 利用四季变化的特点设计农事体验活动

利用农业资源四季变化的特性，设计独具特色的体验活动。让游客感受水稻休闲农园一年四季的不同景色，配合其他植物四季的生长变化，可让游客体验动植物生命的奥秘。水稻农园还可以配合二十四节气解说劳作的原理。针对一些特别的节气如惊蛰、春分、夏至、白露、秋分、冬至等设计农事活动，让游客感受春播、夏种、秋收、冬藏的农村生产和生活。

根据不同地区农业资源条件，水稻休闲农园还可以通过生态保护与培育的手法，维持生物多样性，打造城里人喜欢的蝶舞、萤火、蝉鸣的意境。利用不同的昆虫制作昆虫标本或进行活体展示，向游客介绍常见的昆虫种类，加深游客的体验，成为昆虫资源教育基地。

3. 利用农业资源开发农村生态体验

水稻休闲农园还可以利用树林、竹林、水资源、果蔬生产等条件进行生态体验活动创意。例如，利用乡村毛竹生产创意竹系列活动，让游客体验毛竹之旅，感受采笋的乐趣，享用竹笋的美味，用竹篾编制加工各种工艺品与玩具等。

水稻基本农田做休闲
农业生产什么好？

水稻休闲农园除了农事体验、生态体验之外，其参与式体验可以拓展至水稻所涉及的一二三产业领域，例如米酒酿制工艺可以用于酿酒 DIY 活动。这种体验活动不仅延长产业链，还能实现产品溢价。

二、花卉产业

1. 花木基地做休闲农业的经营理念

（1）打造三个大场面，收好门票。花木基地做休闲农业，多是以植物观光作为吸引游客的卖点，门票经济是其主要收入类型之一。植物观光有一个弊端，就是容易产生审美疲劳，这就需要我们打造三个大场面：一是要体现花卉苗木景观的大气壮观；二是要展示视觉上的震撼力和冲击力；三是要通过不同的角度塑造立体化、多维度的观赏结构，如樱花开得灿烂、月季花开得绵长、三角梅开得热烈，将各种植物加以搭配，映衬山峦、湖水以及高低起伏的地势，形成色彩缤纷的大地景观，同时结合亲子农场、科普教育馆等体验活动，一幅幅生动画面跃然天地间，令人流连忘返。

（2）利用三个黄金时段，把门票经济放大。花木基地做休闲农业的三个黄金时段分别为春天、夏天、秋天，正所谓春赏花、夏观景、秋赏树。发展花木旅游，要注意避免多种树、少种花和只观光、不休闲。也就是说，要着眼于景观延展性和消费释放。利用好这三个黄金时段，还需要解决季节性差异问题，这是旅游产业的特性之一。落实到花木旅游，则要做到"旺季更旺、旺季拖长、淡季淡化"。

（3）做好三方面业态规划，延长产业链条。三方面业态规划主要是指：将季节优势做到极致、将淡季保养做到合理、将产量过剩合理调节。关于解决季节性差异的问题，传统花木产业主要是对接房地产、城市建设、城市公园等传统需求。而利用花木基地做休闲农业，包括开展一些景区创建，对景观有比较高的要求，所以花卉苗木企业要主动和旅游行业做对接，在原有产业渠道基础上实现更大的延展。

2. 花木基地农旅融合的休闲产品设计

（1）"找魂"为基——有说头。对于花木旅游而言，"找魂"尤为关键，即进行文化与自然的提炼和结晶。例如，将当地关于山水、花木的传说和故事转化为花木基地具有唯一性特点的文化内涵，以区别于其他具有资源同质性的景区，从而具备了吸引游客和打造品牌的要素，抢占了市场先机。

（2）体验为核——有玩头。首先，要对旅游目的地的核心产品进行设计，按照观赏、娱乐、运动、疗养、修学、感悟等不同类别，单独或综合进行具体设计，包括景点观赏、文化定位、风情感受、游乐参与等；其次，要设计交通、住宿、餐饮等基础服务，并尽力安排成具有特色、风情、文化及娱乐性的方式，使游客在旅游的全过程都能获得一种有别于日常生活方式的全新体验。

体验为核，就是指要注重游憩模式设计，强调感觉、满足的过程。重点包括：对主题和核心吸引力的策划，这是项目设计的灵魂；游憩设计，寻找用什么玩法来有效整合各类旅游资源；对游客需求的全面满足，通过游程安排，把游憩过程串起来，围绕主题与核心吸引力进行资源配置。

（3）消费为本——有赚头。消费为本，主要是指通过旅游项目来延长游客停留时间，在业态结构上实现"看得丰富、停得下来"，在吃、住、行、游、购、娱六个旅游基本要素上满足游客需求，使园区有赚头。

吃，是游客的常态需求。特色餐饮可成为吸引游客的产品类型之一，而结合花木产品的天然特质，稍作加工就可形成食疗餐、保健餐、绿色餐。

住，花木旅游所涉及的住宿有其特殊要求，不仅要求一定的绿地空间，还需要根据不同主题设计不同的住宿结构。针对自驾、自助游客，可设计露营地；针对度假旅游的游客，可以设计木屋别墅或者综合性酒店会所等。

行，景区内部交通作为游憩方式之一，可以进行景区化包装，并突出多元化、趣味化、体验化，强调创意互动。

游，通过项目设计、游程设计，让游客有流连忘返之感，产生重游行为和口耳相传的营销效果。

购，对于花木旅游而言，购物有其独特之处，如购买绿色蔬果、盆栽盆景、熏香、花卉等，还可以组织采摘、认养等趣味互动式购物。

娱，主要是为了促进消费、增加收入点而设置一些娱乐项目。

三、蘑菇产业

蘑菇是种植业中最具活力的经济作物之一，自改革开放以来，蘑菇产业作为新兴产业在我国农业和农村经济发展特别是社会主义新农村建设中的地位日趋重要，已成为我国广大农村最主要的经济来源之一，成为中国农业发展的支柱产业之一。蘑菇产业有以下几个发展优势：

1. 蘑菇产业实现了农业生产废弃物的循环利用

随着蘑菇产业的科技进步，食用菌栽培的新型原料不断得到开发，农、林、牧废弃物（如稻草、麦秸、高粱秸、玉米芯、棉柴、棉籽壳、锯木屑、修剪下的枝条、酒渣、豆腐渣、甘蔗渣、甜菜渣以及畜禽粪便等）均可用于食用菌生产，实现了农业生产废弃物的循环利用，使废弃物得到"整体、高效、循环、再生"的利用。

2. 蘑菇产业实现了土地资源的高效利用

我国蘑菇产业的单位面积产值达 10 万～20 万元/亩，每亩净产值达 5 万～10 万元，是大棚番茄每亩净产值的 2～3 倍、玉米每亩净产值的 50 倍。同时，蘑菇产业具有不与其他农作物争地争水的特点，可以利用砂石地、山坡地、荒地、盐碱地、林地、矿山废弃巷道、废弃山洞、废弃厂房等处进行栽培，实现土地资源的高效利用。

3. 蘑菇产业实现了工厂化生产

一方面，蘑菇生产可以充分利用当地的麦秸、玉米芯、木屑、畜禽粪便等废弃资源作为食用菌培养基质；另一方面，蘑菇可以进行工厂化生产。只要设计好流程、准备好原料，产品便会源源不断地生产出来。近年来，食用菌工厂化生产集生态环境模拟、智能化控制、自动化机械作业于一体，能达到全年不分季节连续生产、天天出菇、全年上市，改变了靠天吃饭的局面。

4. 蘑菇产业适合开发休闲农业

（1）休闲菇业。利用蘑菇生产过程、农民生活和农村生态，可以打造为城市居民提供休闲、观光、体验等服务的新型休闲菇业。积极建设以大型设施菇业为基础，以新、奇、特等高档食用菌产品生产为主，融休闲、观光、度假、教育为一体的综合性休闲菇业园区、观光采摘园和休闲农庄，打造现代食用菌新型产业模式。

（2）蘑菇体验活动。蘑菇生产企业要不断加快由示范型园区向服务型园区转变，推动转型升级，建设现代全产业链服务体系，紧紧抓住现代都市消费者追求健康、养生的饮食和消费需求，引领现代都市人群体验绿色、健康的生活方式，大力开发以蘑菇为主题的农业产业体系。努力打造集蘑菇科普教育、生态旅游、休闲娱乐、养生保健、网络营销等诸多功能于一体，以蘑菇为特色的现代农业规模产业集聚区。

（3）蘑菇文化。乡愁是留在每个人头脑中的儿时记忆，美好而持久。

"采蘑菇的小姑娘，背着一个大竹筐"是很多人心中乡愁的体现。"乡愁"是思乡之愁，思念乡村生活、田园文化，思念村外大山、门前小河，思念田埂小路、平房院落、鸡鸣犬吠。蘑菇产业对接"乡愁"，强调的是回归自然，充分展现蘑菇文化、挖掘乡村文化、传播民俗文化，通过"乡愁"吸引游客、凝聚人气，发展休闲农业产业。

四、蔬菜产业

1. 打造主题蔬菜园的方法

观光农业在我国的迅猛发展为观赏蔬菜产业提供了巨大的发展空间。观赏蔬菜是既可食用又可观赏的一类新型蔬菜的总称，是介于花卉与蔬菜之间的一种有明确内涵的蔬菜新类别。观赏蔬菜的种类繁多，生育周期相对较短，具有独特的集食用、观赏、绿化、美化功能于一体的价值。随着民众认知水平的提高和观赏蔬菜种质资源的不断开发与丰富，观赏蔬菜在园林绿化中的应用逐渐增多，已成为园林绿化植物配置中具有相当发展潜力的植物素材。

观赏蔬菜主要用于室内摆放和户外景观布置，因而植株不宜高大，并且要选择颜色艳丽、形态优雅（或者形状奇特）、观赏性强、观赏期长的品种。观赏蔬菜品种有以下几类：

（1）叶菜类观赏蔬菜。叶菜类观赏蔬菜的种类和品种十分丰富，如适于庭院种植的结球甘蓝、可以装饰窗台的大白菜、适于阳台静水种养的结球生菜等。很多绿叶蔬菜可以作为观赏蔬菜种养，如小白菜、芹菜、茼蒿、菠菜、生菜、豆苗等。绝大多数的绿叶蔬菜植株矮小、生育期短、采收期不严格，既可以作为庭院栽培，也可以作为阳台蔬菜种养。通过不同的栽培方式，叶菜类观赏蔬菜可以被布置成不同的景观。例如，采用立体柱式栽培，可以在高低起伏的地形上布置成"蔬菜森林"的景观，也可布置成"蔬菜迷宫"景观；采用墙体栽培，可以布置成"生态院墙""绿色小屋"等景观；采用管道式栽培，可以布置成空中"景观长廊"或"立体景墙"景观；可以用自然的竹、木材做成立体栽培装置，使观赏蔬菜景观更具艺术性等。

（2）果菜类观赏蔬菜。果菜类观赏蔬菜是观赏蔬菜中的一个大类，有瓜类、茄果类、豆类三个主要种类。瓜类观赏蔬菜包括南瓜、佛手瓜、苦瓜、西瓜、甜瓜等，果实形状各异、色彩丰富，具有极好的观赏和食用价值；茄果类观赏蔬菜主要有辣椒、番茄和茄子，其中很多品种的果实色彩鲜艳、形态各异；豌豆、蚕豆、扁豆、四棱豆等多种豆类观赏蔬菜具有美丽多姿的蝶形花冠，有的植株矮生，有的藤缠棚架，适宜庭院种植或阳台种养。

（3）芳香蔬菜。芳香蔬菜是人们日常生活中频繁使用的各种调味蔬菜，包括紫苏、薄荷、迷迭香、球茎茴香、香葱、大蒜等。芳香蔬菜具有较强的耐热、抗寒、耐旱能力，并具有很强的分蘖能力和叶片再生能力，是理想的庭院蔬菜、阳台蔬菜。

2. 主题蔬菜园的建设

主题蔬菜园应分区建设，具体细分到各个种类；通过艺术造型、描绘与雕刻等手段，生产可供观赏的蔬菜艺术产品；通过栽培与园林造型，建设主题蔬菜园。

（1）野菜类蔬菜园。野生蔬菜不仅营养丰富、风味独特，还具有保健和药用价值，同时可满足城市居民回归大自然及爱好新、奇、特的心理需求。常见的野菜类蔬菜园主要有蒲公英野菜园、黄花菜野菜园、百合野菜园等，园中蒲公英白色的绒球、黄花菜黄色的花朵等都可为游客带来美的享受。

（2）水生蔬菜园。水生蔬菜具有易于栽培、便于管理等特点，是我国传统园林常用的素材。可充分利用农业观光园区中的水池、鱼塘、低洼地、沼泽地或水田等栽植水生蔬菜，最好能大面积连片种植，形成园区中一道美丽的风景线。水生蔬菜主要有莲藕、水芹、慈姑、莼菜等，目前园区最常见的栽培水生蔬菜是莲藕。在炎炎夏季，成片的荷花竞相开放，常能激发起游客极大的游玩兴趣。

（3）蔬菜盆景园。利用植株矮小、株型精致美观、叶色艳丽、果形奇特、观赏期长的观赏蔬菜种类或品种进行盆栽，形成蔬菜盆景。为了提高蔬菜盆景园的观光效果，应注意以下几个方面：一是选择合适的观赏蔬菜种类或品种；二是选择合适的栽培容器，对栽培容器的大小、形状、颜色、图案、规格、材质等要有所讲究；三是采用无土栽培基质进行栽培，能使盆栽蔬菜干净、轻便；四是对每种盆栽蔬菜进行挂牌注解，以展示其基本信息。由于盆栽蔬菜个体小，便于多种蔬菜集中摆放，挂牌标注的科普教育效果较好。

（4）特色蔬菜展示园。为了吸引游客的眼球及兴趣，满足其对新、奇、特植物的好奇心，可用各种名、优、特、稀的蔬菜构建特色蔬菜展示园。例如，选择具有紫、黑、黄、白、棕等 5 种颜色的玉米构建五彩玉米特色园，选择具有特殊芳香气味的蔬菜如芫荽、芹菜、球茎茴香、薄荷等构建香菜园。

（5）瓜果类蔬菜园。利用果实形态各异的瓜果类观赏蔬菜构建园区景观，特别是利用各式各样的棚架或长廊栽植藤本瓜果，让其自然攀爬，形成瓜果满廊的独特景观，既可以供人休憩，也可以供人观赏，如观赏葫芦走廊、观赏南瓜走廊、樱桃番茄走廊、蛇瓜林等景观。

3. 设立蔬菜种植体验区

专门划出特定的区域供游客体验蔬菜种植，让游客充分参与其中，享受种植蔬菜所带来的乐趣。

（1）儿童种植区。专门为儿童设计一系列的趣味游戏，让儿童在游戏中认识什么是蔬菜，使儿童在游戏中学习。同时也可以让孩子的父母参与其中，营造其乐融融的家庭乐趣。

（2）采摘区。种植绿色蔬菜或瓜果类蔬菜，提供给游客采摘，让游客了解蔬菜生产的过程，从而买得放心、吃得舒心。采摘区种植的蔬菜主要是生长周期短、产量高的品种，不但可以吸引游客的参与，也可以给观光农业园区创造经济效益。

（3）蔬菜设施区。展示蔬菜种植设施，供游客参观，例如立柱式栽培、墙面立体式无土栽培、管道立体水培等农业设施。

（4）蔬菜品尝区。将游客亲手采摘好的蔬菜做成菜肴，供其品尝。游客吃到由自己亲手采摘的蔬菜所做的美食，会感到别有风味。蔬菜的烹饪过程可以展示给游客观赏，让游客在享受美食的同时，也能从视觉上享受厨师高超的烹饪技艺，甚至可以让游客亲自下厨做菜。

（5）蔬菜模型区。将世界各地著名蔬菜的模型收集在一起，展示给游客欣赏。让游客了解世界各地不同种类的蔬菜与园区所产的蔬菜有何不同，以此来吸引游客。

4. 建设蔬菜文化馆

建设蔬菜文化馆，让游客了解蔬菜发展历史。从不同时期介绍蔬菜的发展史，令游客感受到蔬菜文化的魅力所在。

观赏蔬菜色彩艳丽、形状奇特、风味独特，集观赏性、实用性于一体，能给人提供审美享受。蔬菜观光休闲园区在休闲农业、生态旅游农业中异军突起，已经成为休闲农业园区的重要类型。

近些年大热的农业嘉年华将观赏蔬菜在景观设计中的应用发挥得淋漓尽致，在为游客带来视觉盛宴的同时，还可以使游客增长见识，因此深受游客喜爱。在农业嘉年华的建设过程中，观赏蔬菜是园区种植的首选作物之一，但要选择哪些适宜的蔬菜作物和品种来吸引游客的眼球，还是要做足功课的。

五、茶产业

茶是世界三大饮料作物之一，茶产业与休闲农业、乡村旅游有机结合，能产生多赢的社会经济效果。中国产茶历史悠久，茶文化源远流长，成为中华民族传统文化的重要组成部分。做休闲茶园，重点要把握好以下几方面的茶文化创意：

1. 茶道

茶道就是品鉴茶的美感之道。茶道也被视为一种烹茶、饮茶的生活艺术，一种以茶为媒的生活礼仪，一种以茶修身的生活方式。它通过沏茶、赏茶、闻茶、饮茶，增进友谊，学习礼法，领略传统美德，是很有益的一种生活方式。喝茶能静心、静神，有助于陶冶情操、去除杂念。茶道被誉为道家的化身。茶道精神是茶文化的核心。

2. 茶艺

茶艺在中国优秀文化的基础上广泛吸收和借鉴了其他艺术形式，并扩展到文学、艺术等领域，形成了具有浓厚民族特色的中国茶文化。茶艺包括茶叶品评技法、茶水冲泡技艺以及对品茗美好环境的鉴赏等，是对整个品茶过程的美好意境的领略，其过程体现形式和精神的相互统一，是饮茶过程中形成的文化现象。茶艺包括：选茗、择水、烹茶技术、茶具艺术、环境的选择与布置等一系列内容。

3. 茶诗

苏东坡写过一首把茶拟人化的诗："仙山灵雨湿行云，洗遍香肌粉未匀。明月来投玉川子，清风吹破武林春。要知冰雪心肠好，不是膏油首面新。戏作小诗君莫笑，从来佳茗似佳人。"中国从古至今流传下来数以千计的茶诗、茶词，当代人也有不少茶诗佳作。

4. 茶书

中国茶文化历史悠久、博大精深，这与茶书对茶文化的发扬和传承息息相关。例如，《中国古代茶书集成》收录了历代（含唐、宋、元、明、清）茶书近120种（包括辑佚），是迄今为止对中国茶书遗产所做的最完备的清查、鉴别、收录和校注。

5. 茶画

茶画在中国茶文化里有着独特的艺术魅力，为广大茶爱好者所青睐。茶画在表达方式上属于传统水墨国画，但是从内容上又可归属于文人画。文人画有四个要素：人品、学问、才情和思想。具此四者，乃能完善。

6. 茶具

狭义的茶具是指茶杯、茶壶、茶碗、茶盏、茶碟、茶盘等饮茶用具。中国的茶具种类繁多、造型优美，既有实用价值，也有颇高的艺术价值，因而驰名中外，为历代茶爱好者所青睐。除了上面提到的茶具外，在各种古籍中曾经提及的茶具还有：茶灶、茶焙、茶鼎、茶瓯、茶磨、茶碾、茶臼、茶柜、茶榨、茶槽、茶笼、茶筐、茶板、茶挟、茶罗、茶囊、茶瓢、茶匙等。

7. 茶饮

茶饮料是以茶叶的萃取液、茶粉、茶浓缩液为主要原料加工而成的饮料，具有茶叶的独特风味，含有天然茶多酚、咖啡因等茶叶有效成分，兼有营养、保健功效，是清凉解渴的多功能饮料。

8. 茶俗

茶俗是我国民间风俗的一种，它是中华民族传统文化的积淀，也是人们心态的折射，有较明显的地域特征和民族特征。它以茶事活动为中心贯穿于人们的生活中，并且在传统的基础上不断演变，成为人们文化生活的一部分。茶俗内容丰富，各呈风采，如茶与婚礼、茶与祭祀。流传至今的茶俗有敬茶、擂茶、三道茶、迎客茶、留客茶、祝福茶、新娘茶等。

发展休闲茶产业，可以使传统的茶叶生产过程转变为游客观赏与体验茶事活动的全新过程，使茶产业具有生产和休闲旅游的双重属性，同时将农事活动和休闲旅游融为一体，实现了第一产业与第三产业的跨越式对接和优势互补，做到了一二三产业融合发展。因此，建立生态型休闲茶园，既可带动茶产业的发展，也有利于休闲农业与乡村旅游新型业态的发展，对实现茶产业的可持续发展具有十分重要的积极意义。

六、林果产业

林果产业发展休闲农业和乡村旅游，不仅能满足游客休闲旅游的需要，还能发展林下经济以增加收益。通过组织观光、采摘、认购、认领、运动休闲、科普教育、养生养老等休闲游乐体验活动，为林果园增收盈利开辟一条新的路子，促进乡村振兴，带动当地老百姓脱贫致富。

我国是个多山之国，山地、丘陵和高原的面积占国土面积的69%。山区、丘陵以林果产业为主。我国有林地3亿多公顷，其中人工林面积居世界首位。随着农业供给侧结构性改革与产业结构的调整，全国果园种植面积还在不断扩大。

林果产业发展空间巨大，用循环经济理念带动林下经济的产业化经营，利用林果园优良的生态条件发展休闲农业和乡村旅游新业态模式，既满足广大消费者的旅游需求，又促进林果产业的良性发展。

林果产业发展林下经济有多种模式，每种模式都可以设计不同的休闲农业与乡村休闲旅游体验活动。

1. 林禽模式

在果树下种植牧草或保留自然生长的杂草，在果园周边围上围栏，园中养殖鸡、鹅等家禽。林果园是家禽的天然"氧吧"，通风、降温，便于防疫，树木可为家禽遮阳，十分有利于家禽的生长；林下放养的家禽吃草、吃虫却不啃树皮，其粪便可为果园土地施肥，与果树形成良性的生物循环链。在林果园建立禽舍，省时、省料、省遮阳网，投资少；禽粪可用于给果树施肥，营养多。但林禽模式的选址要尽量远离游客，不要影响游客的休闲环境。林禽模式生产的禽产品品质好、价格高，属于绿色、无公害禽产品。

林禽模式下的休闲农业和乡村旅游可以设计抓鸡、捡鸡蛋、青草喂鹅、鹅鸡认养等体验活动。

2. 林畜模式

林果园养家畜有两种模式。一种模式是放牧，即林下种植牧草，可发展奶牛、肉用羊、肉兔等养殖业。速生杨树的叶子、种植的牧草及树下可食用的杂草都可用来饲喂牛、羊、兔等。林果园养家畜解决了农区养羊、养牛缺乏场地的矛盾，有利于家畜的生长、繁育。同时，林果园为畜群提供了优越的生活环境，有利于防疫。另一种模式是建畜舍饲养家畜，例如在林果园养殖肉猪。由于林果园有树冠遮阳，夏季温度比外界平均低 2～3℃，比普通封闭畜舍平均低 4～8℃，更适宜家畜的生长。

林畜模式休闲农业和乡村旅游可以设计牛（羊）拉车、给牛（羊）喂草、与小牛（羊）合影、牛（羊）认养、斗牛等体验活动。

3. 林菜模式

果树与蔬菜间作种植，是一种经济效益较高的模式。果树下可种植大葱、青椒、茄子、卷心菜、黄花菜、蒲公英、蕨菜、马齿苋、苋菜、丝瓜、菠菜、甘蓝、洋葱、大蒜等蔬菜，一般每亩年收入可达 700～1 200元。

林菜模式休闲农业和乡村旅游可设计的体验活动很多，如移栽菜苗、收菜、除草、施水、农事体验、亲子活动、科普教育、养生美食等。

4. 林草模式

该模式是在果树下种植苜蓿、黑麦草、红三叶、白三叶、无芒雀麦、狼尾草、鲁梅克斯草或保留自然生长的杂草，树木的生长对牧草的影响不大，牧草收割后，用于饲喂畜禽和鱼类。在林草模式下，一般每亩林地能够收获牧草 600 千克，可得 300 元左右的经济收入。

林草模式休闲农业和乡村旅游可设计割草、草编工艺、草喂鱼、自然教育、家庭亲子等体验活动。

5. 林菌模式

在果树下栽培食用菌（如平菇、鸡腿菇、香菇、黑木耳、毛木耳、草菇等），是解决林果园下土地大面积闲置的最有效手段。食用菌生性喜阴，林果园内通风、凉爽，为食用菌的生长提供了适宜的环境条件，可降低食用菌生产成本，简化食用菌栽培程序，提高食用菌产量，为食用菌产业的发展提供了广阔的生产空间。此外，食用菌采摘后的废料可以作为果树生长的有机肥料，一举两得。

林菌模式休闲农业和乡村旅游可设计种蘑菇、采蘑菇、吃蘑菇、学习蘑菇知识等体验活动。

6. 林药模式

林果园间的空地还适合间种人参、西洋参、灵芝、天麻、田七、黄连、金银花、天门冬、水飞蓟、枸杞、百合、细辛、大黄、甘草、红景天、何首乌、半夏、芍药、刺五加、白芷、茯苓、山茱萸等药材。在林果园中对这些药材实行半野化栽培，管理起来相对简单。据调查，林果园下种植中药材，每亩年收入可达 500～700 元。

林药模式休闲农业和乡村旅游可设计赏花、摄影、采药、品药膳、养生养老等多种体验活动。

七、 竹产业

中国是世界竹产业大国，有着悠久的竹子培育历史、丰富的竹制品加工利用技术和深厚的竹文化底蕴，并在竹子生产、研发和利用方面处于世界领先地位。

利用当地竹产业发展休闲农业和乡村旅游，应重点做好如下几方面的工作：

1. 设计竹景观

从古至今，竹子以其独特的身姿在我国园林景观中占据特别而重要的地位。竹子形态优美，具有极高的观赏性，能净化空气；竹子具有庞大的地下根系，保持水土能力很强；竹林的防风能力较强，生态效益十分明显；竹子四季常绿，基本上多年不开花，无花粉散播；竹子容易繁殖，养护费用低；不同种类的竹子，其高矮、叶形、姿态、色泽各异，用于景致搭配，有不同的效果。做竹景观设计主要有如下手法：

（1）视觉焦点。竹子具有优美的姿态，可作为空间中的视觉焦点。

（2）强调空间。通过竹林大面积种植或线状、带状列植，可使公共开放空间中的景致显得和谐统一。例如，在园区绿地、人行道旁栽种竹子，不仅对空间有遮掩作用，还可使景观呈现统一的效果。

（3）分隔空间。主要依照园区实际需要，选择不同竹类形成各种高度不等的绿篱，借以划分大小不同的空间。

（4）协调空间。以竹类做绿篱，与其他植物景观造型及建筑物的外观相呼应，使周围环境更为协调。

（5）衬托景观。应用丛生型竹类（如绿竹等）在空间中衬托景观，竹子的株形大小、形态、色泽和质地可以为景观增添优雅的意境。

（6）柔化线条。选择较低矮的竹类（如观音竹）在屋基、墙角种植，以其独特的形态与质地柔化建筑物的生硬线条，使得空间显得和谐而有生气。

2. 创意竹活动

竹子生长快、适应性强，并具有广泛的用途。竹子与人们的生活息息相关，竹子的利用涉及衣、食、住、行、用等各个方面，因而以竹为题材的休闲娱乐活动创意可以丰富多彩。

竹产业做休闲农业和乡村旅游，主要根据市场定位与游客需求设计与组织与竹主题相关的观光游乐、休闲体验、家庭亲子、科普教育等活动，如坐竹车、玩竹棋牌、做竹简、写竹书、作竹画、编竹器等。

此外还可借鉴、引入我国各地不同的玩竹活动，例如古代利用杠杆提水的竹制工具"桔槔"、用竹筒提水灌溉的"高转筒车"，以及竹制武器如竹弓箭、抛石机、火药箭和竹管火枪等。云南傣族地区在过泼水节时有"放高升"（土火箭）活动，是用竹子做成装火药的长筒、控制火箭的长杆和发射台。活动时，一支支喷着绚丽烟火的长火箭射向蓝天，壮观又好玩。

3. 品尝竹美食

竹笋是极受人们喜爱的美味山珍。竹笋的种类较多。从收获季节上区分，有冬笋、春笋等；从形态和品种上分，有毛竹笋、剑笋、鞭笋等；按照味道还可分为苦笋和甜笋。此外，竹笋还可按不同产地进行区分，如天目山笋等。竹笋可做成笋干、玉兰片、烟笋、原味笋片、笋丝、清水笋、即食笋等 20 多种产品。

竹笋的食用方法多种多样，可烹饪上千种美味佳食，如香菇油焖笋、冬笋炒腊肉、冬笋牛肉丝、土鸡水竹笋砂锅煲、蕌子烧春笋、素炒春笋片、麻辣春笋尖等。此外，竹子还可用于制作竹筒酒、竹叶糕等。

4. 开发竹制品

竹制品的开发思路主要是利用竹子随风摇曳、可弯可直的材料属性。竹材料比起玻璃、钢铁等工业制品材料更有温暖感和自然感。随着城市居民日益增长的美好生活需要，在家居产品中使用竹材料更让人感觉到温暖、舒心、环保。竹制品将更广泛地用于生产、生活各个领域。例如，湖南桃江县实现了毛竹竹材的全竹利用：毛竹主干做竹筷和凉席；竹头部分做竹帘，还可加工成竹胶板和竹集装箱板；竹枝可做扫帚和燃料；竹尾部分做竹签；竹加工剩余物还可做生物质燃料和竹炭等。

5. 传播竹文化

我国竹文化源远流长，松、竹、梅被誉为"岁寒三友"，梅、兰、竹、菊被称为"四君子"。竹文化在我国传统文化中占有重要地位。竹竿挺拔秀丽、竹叶潇洒多姿、竹形千奇百态，更令人称道的是竹子不畏严寒、四季常青的气节和"未出土便有节、及凌云常虚心"的品格。

竹林区如何发展休闲农业和乡村旅游？

竹文化的主要表达方式有竹编织器物、竹雕刻工艺、竹乐器和竹音乐、竹制宗教器物等。竹子的图案常被用于雕刻、织绣、印染、陶瓷、编织、剪纸等各种工艺品，出现在各种建筑装饰陈设、民间游乐活动、宗教信仰礼仪以及乡村习俗中。

八、畜牧业

休闲畜牧业是指以畜牧业生产为基础，以畜牧业生产经营活动、农牧产业景观、畜牧业自然生态场景、畜牧业科技文化、农牧民生活等为载体设计休闲活动，为游客提供与畜牧业紧密相关的旅游观光、休闲度假、农牧业体验、农牧知识、娱乐健身等休闲服务，以延长畜牧业产业链、提高畜牧业附加值和增加农民收入为目的的创新性产业。休闲畜牧业最初出现在一些经济发达的国家和地区，其后得到不断发展。例如，据澳大利亚旅游局统计，牧场和乡村旅游收入在该国旅游总收入中占比超过 35%。

目前，休闲畜牧业开发模式和方向有以下几类：

1. 都市畜牧旅游型

将高效畜牧业与旅游业相结合，在充分开发具有观光旅游价值的畜牧业资源的基础上，以休闲旅游为主体，把畜牧生产、新兴畜牧技术应用与游客参加农事活动融为一体，同时游客可以充分欣赏大自然的美景。这种类型的休闲畜牧业以城市为中心开发畜牧旅游业，主要针对城市中喜欢旅游、渴望放松的人群。可以在城市郊区建设畜牧旅游园区，把观光与休闲、体验与游乐结合在一起。例如，建设肉类加工乐园、体验性畜牧业生态园区，游客可以在牧场购买饲料并亲自给牛、羊、猪、鸡、鸭、鹅、兔等动物喂食，参与牧草种植、饲料加工及畜产品加工过程，品尝、购买新鲜畜产品。此外，还可以发展代养业务，替城市家庭代养在园区内购买的动物。

2. 生态环保型

以生态环保为目的发展休闲畜牧业，注重生态养殖，以保护自然生态环境为基础，因地制宜地利用当地现有条件发展生态养殖旅游业。例如，可以根据当地居民对鸡肉产品消费需求的改变，依托草鸡生态养殖有限公司、生态养殖场、生态畜牧生产基地、生态养殖合作社等企业，发展生态草鸡养殖产业，建成多个农业生态休闲园，利用果园、茶园等丘陵坡地，大力推广果、茶种植与草鸡轮牧饲养方式，打造生态品牌，开发具有旅游业特色的生态草鸡产品，提高产品的品位和档次，提升畜牧业品质。

3. 绿色食品基地型

以"绿色食品"为主题，创建生产加工基地进行乳品加工、畜禽屠宰、肉类加工、禽类加工、蛋类加工、饲料加工以及毛绒加工。同时，与旅行社合作开发多种多样的绿色食品：肉制品，包括腌、腊、熏、酱卤、烧烤、油炸肉制品，以及香肠和肉干制品等；乳制品，包括乳粉、鲜乳、乳饮料、酸乳、冰淇淋、炼乳等。

4. 新奇优特产品型

以特种养殖业为基础，如野猪、野兔、梅花鹿和黑猪养殖等，开发多种多样的新、奇、优、特产品，可在本地旅游景点打造具有当地特色的品牌。我国具有代表性的地方特色产品有玉林狗肉、巴马香猪、梧州纸包鸡等。

5. 科技先导及科普教育型

借鉴现代农业科技示范园区的建设及发展模式，进行现代化养殖示范园区建设，同时结合旅游业开发园区的特色旅游。这种模式是目前特色畜牧业可持续发展的亮点。利用示范园区景观、畜牧生产经营活动和高新养殖技术，吸引游客前来观赏、休闲、习作、购物、度假，满足游客食、住、行、购、娱、游的需求，游客还可以参与新型农业技术实践。同时，示范园区的科普教育可以带动周边更多农民进入特色畜牧旅游产业，促进农民增收，使农民真正受益。

6. 特色畜牧品种示范推广型

通过特色畜牧品种示范推广，带动农民进行规模化养殖，形成产业链，进一步带动深加工产业的发展，同时与旅游业结合起来或者与著名旅行社联合起来，共同开发旅游产品，使旅游产品的品种更加丰富、市场竞争力更强，降低农民规模化养殖的风险，推动特色畜牧业的发展。

7. 特色畜牧产品博览型

这是近几年来逐步兴起的新模式，目前这方面的产品开发得比较少，市场前景非常广。现代各种博览会吸引了越来越多人的眼球，特色畜牧产品参加博览会展示往往会产生意想不到的推广效果，特别是特色畜牧业的"绿色"产品可以满足人们对新、奇、特产品的购买兴

旅居新西兰 4 年，去过的牧场都几十年不衰，我们可以向它们学什么？

趣，越来越受到人们的关注和喜爱。因此要加强这方面的产品开发，通过畜牧产品博览会创造出更多畜产品品牌。这是特色休闲畜牧业重点研究的方向。

九、渔业

休闲渔业是渔业与旅游业紧密结合的新兴产业，打破了渔业生产的单一性，形成了集养殖、垂钓、餐饮、旅游、度假于一体的新型经营形式。

1. 打造以生产经营为主的休闲渔业农庄

这种模式的休闲渔业农庄主要以渔业生产为主,辅以垂钓等休闲项目。农庄在抓好渔业生产发展的同时,在养殖区域的苇荡、滩涂等处设立休闲垂钓区、生活服务区,打造一个水面宽阔、风光旖旎、充满渔业特色的休闲园区。

2. 打造以休闲垂钓为主的休闲渔业农庄

这种模式的休闲渔业农庄主要在养殖区开展游泳、水上度假、渔乡生活体验、鱼池垂钓、捉泥鳅、野餐、海鲜餐饮、民宿等休闲游憩活动。休闲垂钓是为现代都市垂钓爱好者外出度假、休闲而准备的一种休闲娱乐活动,是极具休闲农业特色的项目,其中又可以进一步分解为鱼池垂钓、渔家餐饮、渔家生活体验等。

农庄还可根据资源条件开展湖边或海上的休闲游憩活动,例如眺望台、攀岩区、露营烤肉、岸钓、亲水活动、定置网、定置渔场、潜水活动、帆船活动、渔村文化活动、渔业博览馆、渔村生活体验、海洋生态环境教育等。

3. 打造以养生为主的休闲渔业农庄

养生主题休闲渔业农庄是指在一些环境优雅的场所结合周围旅游景区,综合开发水资源,"住水边、玩水面、食水鲜",既具有垂钓、餐饮功能,又具有观景、休闲、度假、避暑等综合性功能。

4. 打造以亲子科普教育为主的休闲渔业农庄

这种模式主要是挖掘渔文化,打造集鱼类展示、科普教育、亲子活动、休闲娱乐于一体的休闲渔业农庄。例如,可以建设锦鲤池和水族馆。锦鲤池建成后,水清鱼美,观赏价值很高,游客可以和孩子一起亲近鱼儿,给鱼儿喂食,同时锦鲤池本身也是一个亮丽的水体景观,多数休闲渔业农庄都设有锦鲤池。水族馆是指以展示各种鱼类、水生植物为主,集科普教育、观赏娱乐于一体的博物馆。游客可以和孩子一起亲近动植物、感受动植物、体验惊险刺激。

休闲渔业农庄的亲子活动可根据儿童求真、求知、求乐、求趣的需求,设立各种渔文化体验馆、科普教育馆、水上游乐中心、休闲娱乐活动区域等。

　　总之，休闲渔业农庄要以渔产业、渔文化为主题，打造集水产养殖、水产加工、休闲娱乐于一体的休闲渔业经营模式，实现一二三产业融合发展，为城市消费者提供丰富多彩的渔业体验活动，以满足市场需求。

稻虾综合种养如何健康发展？看长沙有哪些经验？

十、大棚设施产业

　　休闲大棚设施产业可以开发集休闲体验、技术展示、科普教育于一体的高科技农业休闲温室，将园林艺术、园艺景观、栽培技术、地域文化有机融合在一起，以现代温室为载体，按照景观规划和旅游规划原理，运用现代高新农业科技将自然景观要素（以设施作物为主）、人文景观要素和景观工程要素进行合理融合和布局，使之成为具有完整景观体系和旅游功能的新型农业景观形态。

　　农业休闲温室有以下几种创新模式：

　　（1）种植型休闲温室。在育苗和种植温室设计旅游观光元素，以生产为主，以旅游收益作为补充。

　　（2）科普休闲温室。种植新、奇、特的蔬菜、瓜果等，配套提供旅游服务设施与活动项目，如太空观光园等。

　　（3）大型展览温室。在一定时间以某个主题形式举办展览，展示和售卖高科技农业产品、新技术、新服务。

　　（4）花卉市场温室。花卉市场温室可以作为花卉交易场所，是今后花卉市场的重点发展方向。

　　（5）生态餐厅。生态餐厅可以立体展现绿色就餐环境。

　　（6）游乐园温室。为孩子们在温室里设计精彩各异的游艺、戏水等项目，尤其适合休闲农业在北方冬季缓解淡季客源不足的问题。

　　（7）生态温室公园。生态温室公园是指人为创造的集观赏性、知识性、实用性于一体，以绿色为主题的温室公园。

　　（8）自然教育温室。把室外的项目放到温室里面，自然教育和亲子体验项目都在温室中开展。

　　此外，农闲休闲温室还可以开发温室洗浴、庭院温室、养生温室、温室会所等。

【视频 7】
如何围绕产业做农旅，不仅好看，还要好玩、
好吃、好住、好购，有体验、有知识、有故事

第三节 | 不同类型的休闲农业做法

一、休闲娱乐

休闲娱乐是一种通过表现喜、怒、哀、乐，或自己和他人的技艺，而使受众获得喜悦和放松，并带有一定启发性的活动。它是人类的一种天性。参加休闲娱乐活动的程度和形式已经成为现代人追求生活质量的一个重要体现。

休闲农庄的产品是农庄实物性产品与服务项目的总和，包含农庄食、住、行、游、购、娱等方面。农家生态饭菜、田园特色料理能满足游客对饮食的需求，农村风光小屋、趣味度假村、户外野营地能满足游客住宿的愿望，农业园区的景观、农产品和相关的娱乐设施能满足游客游览、购物、娱乐的需求。

休闲农业娱乐依托以自然属性为主体的农业，其参与性和体验性具有更强的操作空间。在参与和体验当中，游客感受到的快乐更为真切。所以，休闲农业娱乐是休闲农庄开展特色服务、打造特色产品的一个重要因素。休闲农业娱乐的特点包括农业化、多样化、知识化、趣味化。休闲农业娱乐的形式主要分为以下五种类型：

（1）生产性体验，如亲历采摘、垂钓、捕捞、劳作的过程。

（2）健身型娱乐，如登山、划船、攀岩等活动。

（3）文化性娱乐，如观看乡村民俗表演、参与婚嫁仪式、跟随渔民出海捕鱼等。

（4）创作型娱乐，如亲自炒制农家菜肴、进行工艺品创作等。

（5）团体型娱乐，强调通过家庭成员和单位同事之间的团结配合、共同参与来达到娱乐的效果，如野外拓展训练、各种游戏和比赛等。这些娱乐项目简单、热闹、充满乐趣、挑战和满足感，深受游客欢迎。

随着休闲农业的发展，其娱乐类型将会更加丰富、更有特色。

二、亲子活动

亲子教育主题农庄是以亲子教育为目标的寓教于乐的休闲农业场所，是一个新型的多功能的经济业态。随着中国的城市化水平不断提高，没有体验过农村的孩子越来越多。目前我国的亲子教育主题农庄业态还处于起步阶段。做亲子教育主题农庄应重点把握好以下六个方面：

1. 充分准备

亲子教育主题农庄业态有一个长期发展的过程，要想教学过程长期有序，不是一次性就能完成的。亲子教育主题农庄重要的准备环节有：农庄的亲子主题规划、教师选聘与培训、课件准备、组织学员应用与观察等。其中，农庄的亲子主题规划、教师选聘与培训是最重要的环节，是亲子教育主题农庄内在因素与外部条件协调统一最基本的条件。有了好的创意规划与好的教师队伍，才能保障农庄的亲子教育活动有序开展。

2. 选好地址

亲子教育主题农庄的地址选择非常重要。一般来讲亲子教育主题农庄地址选择主要侧重三个依托：

（1）依托城市。亲子教育主题农庄要选择离城市很近的地方，以距离中小城市（包括县城）半小时车程，或者距离大城市一小时车程内为最好。

（2）依托交通。亲子教育主题农庄最好靠近高速公路出口或国道、省道、县（市）道旁。

（3）依托景区。亲子教育主题农庄离旅游景区越近越好，最好选用植被好的林地或天然环境比较好的农地作为教学基地，这样方便学习者亲近大自然和学习大自然，并促进人与自然和谐健康发展。

3. 活动简便

亲子教育主题农庄在进行活动创意和设计时，要针对不同生活场景和主题，对亲子教育活动形式和手段进行创意选择，选择的创意活动形式要遵循符合农庄主题、易于操作等原则。儿童的注意力集中时间很短，低年纪的小学生一般在 10 分钟左右，幼儿园的孩子则更短。所以，在设计亲子教育活动时，必然要求活动易于操作、简便易行、易于组织开展，要充分考虑室内外自然环境条件，有针对性地进行创意和设计，要坚持周期短、投入少、涉及面小、条件准备易、组织效率高的原则。

4. 家长参与

亲子教育主题农庄要以有利于促进多方参与和全面发展为宗旨，培养健康、有活力、自信、独立和具有创造性的学习者。组织开展亲子教育活动，目的就是调动儿童全面参与，并使家长易于加入其中互动。因而在进行创意与设计时，应把儿童能够全程参与、能吸引多数人参与、家长能参与互动作为基本原则。

5. 教学团队

亲子教育主题农庄要在适当环境和能控制风险的情况下，提供适当的机会，鼓励和提倡学习者敢于冒险、勇于挑战。亲子教育主题农庄要努力培养一支有组织能力和教学能力、亲和力强的教师队伍，并且在实践中不断提高教师的专业水平。

6. 不断创新

亲子教育主题农庄要根据不同的教育内容，努力做到无形知识有形化、平面知识立体化、文字知识图案化、静态场景动态化、抽象概念形象化、故事情节情景化，并以学习者为中心。亲子教育主题农庄要采取以学习者为中心的一系列教学程序来创造一个乐于发展和学习的团队。

怎样做好亲子主题
休闲农庄?

所有创意的实施都要先进行试验，包括亲子活动的目的和要求、活动步骤和过程、活动规则、活动注意事项、活动参加人员及其行为规范等。要不断创新并保证其可操作性。

三、科普教育

科普教育主题休闲农庄以展示农业科学知识（如动植物生长过程）、农耕历史文化、生态和环保知识等为主题元素，围绕主题元素设计游客参与生产等体验活动，以儿童、青少年学生及对农业知识、自然科学知识感兴趣的城市游客为主要服务对象，兼顾知识传播与休闲娱乐的双重功能，是今后休闲农业的发展趋势。目前，部分休闲农庄园区中也设置了亲子教育场所、科普长廊等。比较突出的科普教育主题农庄有：北京朝来农艺园、海南热带植物园、深圳青青世界、长沙百果园等。

1. 科普教育主题休闲农庄的分类

科普教育主题休闲农庄根据其教育内容的不同可分为以下三种：

（1）以德育和乡土教育为主题。例如乡土历史文化、古农具展示、特色产品展示、农事操作、环境保护、红色文化教育、徒步旅行、团队探险等。

（2）以乡土文化艺术教育为主题。例如艺术作品展览、插花、编制、陶艺、根雕、瓜果雕刻，观赏鱼缸设计、民居设计与装饰等。

（3）以生物认知和技能训练教育为主题。例如对各种动物与植物的认知，植物的播种、育苗、栽培、管理、采收、储藏、加工等体验性活动，植物的组织培养、无土栽培，动物的繁殖、饲养，微生物的观察、培养与利用，生物多样性与保护，生态系统的分析与设计，环境的污染与防治，以及配套的检测、化验、分析和培训活动等。

根据其景区教育主题的不同，科普教育主题休闲农庄的内部分区一般可分为德育和乡土教育区、文化艺术展示区、动植物认知展示区、素质拓展区等。主要为城市游客提供体验服务和农业知识普及。

2. 打造科普教育主题休闲农庄重点要做的基础性工作

（1）要有可供观赏和认知的各种动植物。例如本地植物种类、外地植物种类以及常见的家禽、家畜、特种种养动植物等。

（2）展示各种动植物生命过程。例如，江西现代农业示范园（凤凰沟）养蚕房和桑果园通过选种、暖室、温度、卫生、喂食、照明、防雨等方面的展示，以及面向广大中小学生开展送蚕养蚕科普活动，向民众直接、客观地介绍了蚕种的选育、制种、给桑饲养、蚕病防治、养蚕工具、养蚕禁忌等养蚕技术及操作方法。

（3）展示技术。例如园艺花卉和农作物栽培技术、立体种植技术、动物养殖技术、微生物养殖技术、环保技术、园林景观设计技术、乡土文化传统手工艺展示技术等。

（4）产品购物中心。农庄园区各种景观设计应新颖别致，产品购物中心的设计要与科普教育相配套，其经营状况决定了农庄的盈利与否。

四、养生养老

康养农庄、田园养生是指以"健康"作为休闲农业开发的出发点和归宿，以健康产业为核心，以生态环境较好为特色，将健康、养生、养老、休闲、旅游等多种功能融为一体的休闲农业新业态。

不能简单地把康养农庄、田园养生当成养老院，也不能当成单一的疗养院或医院。它既要具备养老功能，又要高于养老院；既要具备养生功能，又要高于疗养院；既要配套养病功能，又要高于医院。这是一种个性化、品质化、定制化服务产品和品牌。

1. 康养产业与生活、 生态相结合

（1）利用以自然资源做引领的健康养生、以产业科技做驱动的健康科技和以医疗服务做导入的健康医疗。将这些要素融合在较好的生态环境中，自然资源的柔软让生硬的科技变得生动，生机盎然的绿色让忧愁、失望的病者充满希望。"健康中国"战略呼唤康养农庄、田园养生等模式的积极发展，这些模式也成为推动中国健康产业升级和休闲农业发展的主流特色模式。

（2）自然生态、科技、医疗融合发展。康养农庄、田园养生等依托当地特定的自然环境与交通辐射能力，规划、导入和构建优质、综合性的医疗健康服务体系，服务当地及所辐射地区的特定医疗服务受众或老龄人群，构建较强的养老、养生医疗品牌，实现以医疗服务、康复护理和养老养生为主的自然生态、科技、医疗融合发展。

（3）分析市场，找准市场。我国已经步入老龄化社会。根据全国老龄工作委员会办公室、中国老龄协会编印的《奋斗中的中国老龄事业》所公布的数据，到 2035 年前后，中国老年人口占总人口的比例将超过 1/4，到 2050 年前后将超过 1/3。在中国老年医疗健康市场供求严重失衡的背景下，综合医疗、康复、护理、养老、养生各类服务，能为老年群体提供连续性医疗健康服务的康养农庄、田园养生存在巨大的发展空间。相较于发达国家，中国养老设施供给量仍然较低。针对未来老龄人群的较高医疗健康服务需求，目前已运营的绝大多数养老社区缺乏一体化、连续性的医疗健康服务能力，这给康养农庄、田园养生留出了巨大的发展空间。

康养农庄、田园养生利用当地的自然生态资源，以健康产业、医疗科技为保障，以养老、养生、健康服务为核心，让人们玩得开心、吃得放心、住得安心。

2. 康养产业落到实处

（1）目标服务人群。全面关注已老、初老和将老人群，兼顾其他年龄人群，以养老、养生、医疗和健康服务为核心。

（2）整合一体化的配套服务。依据消费需求热点，围绕"身体、心理和社交健康"提供综合服务。

（3）经济可行、可持续的商业模式。以健康产业为核心，以养老、养生的配套设施经营为辅助。

（4）创造综合社会价值。从长期看，康养农庄、田园养生能够成为当地可持续发展的产业及就业、税收来源；从中期看，还可刺激当地和所辐射地区人群的消费以及新兴服务，从而带来大量辅助性就业岗位，有助于提升当地农民的收益。

五、运动休闲

国家体育总局于2016年发布《体育发展"十三五"规划》，提出要深化体育重点领域改革创新，促进群众体育、竞技体育、体育产业、体育文化等各领域全面协调可持续发展。这显示我国体育产业发展已经进入快车道，运动休闲将成为未来体育和休闲农业的消费吸引核与收益增长点。

休闲农业如何看待体育产业发展前景，跟上体育产业发展节奏，从中分得一杯羹？休闲农业在提质升级过程中如何与运动休闲相结合？针对这些问题，休闲农业产业应根据自身资源，规划设计与众不同的运动休闲活动项目。

（1）草原沙漠地区。可以规划设计以下运动休闲项目：摔跤、射箭等马背民族相关运动，"那达慕"等少数民族传统体育节庆盛会，滑草、草地摩托、草地滚球等现代时尚运动，以及徒步、滑沙、沙漠探险、沙漠摩托、沙漠赛车、沙浴、骑骆驼等。

（2）丘陵山区。可以规划设计以下运动休闲项目：森林野战、森林氧吧氧浴、森林探险、越野滑雪、丛林穿越、丛林溯溪、露营、骑马、爬山、攀岩、定向越野等。

（3）海边地区。可以规划设计以下运动休闲项目：游泳、游艇、潜水、水上摩托艇、赛艇、帆船、帆板、冲浪、皮划艇、滑沙入海、沙滩排球、深海潜水、帆伞、浮潜、水球、水上自行车等游乐性运动，出湖（海）打鱼、航行等体验类休闲活动，水上运动节、大型水上运动类赛事等。

（4）湖泊河流区。可以规划设计以下运动休闲项目：漂流、溜索过河、溯溪、溪降等水上运动，赛龙舟、放竹筏等与当地民俗结合的民俗类水上运动。

（5）峡谷岩洞区。可以规划设计以下运动休闲项目：探洞、峡谷探幽、攀岩、速降、定向越野等。

（6）田野乡村区。可以规划设计以下运动休闲项目：果蔬采摘、露营、汽车越野等，生态湿地观赏、划船、捕鱼、摸鱼等，以及民俗类的运动项目和节庆活动。

（7）农业公园区：可以规划设计以下运动休闲项目：健身锻炼、广场舞、太极拳、瑜伽、球类活动、公园定向、滚轴、滑板、人工攀岩等。

六、婚庆主题

婚庆主题休闲农园是以婚庆产业为切入口，通过休闲农业产业与婚庆活动项目的配套，充分挖掘当地乡村文化资源，形成集庆典、休闲、观光、农业生产于一体的综合性婚庆主题农园，促进休闲农业与乡村旅游的发展。

1. 产业依托
依托当地的花卉产业、水果种植产业、特色养殖业、林业、农产品加工业。

2. 规模要求
农园面积上百亩至上千亩不等，最好是有山、有水、有点田，根据不同资源、不同产业、不同规模，因地制宜进行不同的规划设计。

3. 目标市场
年轻人消费市场，城镇中老年居民消费市场。

4. 景观规划设计

与当地的特色农业产业紧密结合，打造婚庆主题休闲农业园区。例如，以花卉生产为主的园区。可以在园内以各种芳香、观赏和经济花卉种植为基础，形成七彩浪漫花海，花卉种植本身可以形成大地景观，成为亮丽的风景线；以林业、水果生产为主的园区，主景树种可采用紫荆、茶花、相思树、红豆杉、合欢树等，还可选用枣树、桂树、石榴树、金橘、杨梅、枇杷、柚子、柑橘、猕猴桃、山桃、樱桃、柿树等果树进行合理的配置；其他农业生产园区则可利用植物的群体美，例如建造玫瑰园或时令花卉园，或稻田、荷塘等，来营造四季花海、莺飞蝶舞的浪漫景象。在婚庆典礼所在场所，利用绿地草坪的开阔空间，让婚庆更接近自然，在景观主题设计中要重点注意景观的季节性。

5. 主要盈利产品设计

可以设计特色农业种养产品、农副加工产品、各种鲜花产品、花卉深加工及延伸品，还可以设计婚纱摄影场景、婚礼举办现场、婚礼餐厅、婚礼蜜月洞房，以及花卉养生、保健、美容等项目。

6. 十大创意活动

（1）夫妻酒店。主要内容有夫妻主题建筑、创意场景，游客可以在合理合法的前提下入住爱巢。

（2）美妙婚礼。可以定制婚礼场景，打造相伴终身的仪式感。

（3）幸福之道。设计婚姻幸福大讲坛，举办高端讲座，探讨爱情真谛，追求幸福人生。

（4）宜家体验。设计男耕女织、挑水推磨、农耕劳作等田园农家生活场景，打造幸福生活体验基地。

（5）挂许愿卡。设计在爱情树下许愿，爱情更甜蜜。

（6）爱情寿桃。设计夫妻寿桃园，夫妻在一起种植寿桃树，见证一生缘。

（7）石刻爱铭。设计情话石林，在石上刻下爱情诺言，见证海枯石烂。

（8）山谷恋歌。设计在情人谷里学唱爱情山歌、学跳爱情舞，大声唤爱，增添爱情甜美魅力。

（9）拜堂成亲。设计中式婚礼，拜堂礼成，百年好合，夫妻入洞房，幸福一生。

（10）金婚回忆。设计爱情故事长廊，品婚姻历程，享幸福人生。

7. 经营理念策划

（1）不仅仅是婚礼。在有山、有水、有点田（甜）的婚庆主题休闲农园里，可玩可游，有吃有住还有购，能入乡随俗，在大自然里举办人生最重要的庆典——婚礼！无论对来宾还是游客都具有震撼性的感动，对于新人更是丰富多彩的纪念。不仅仅是完成一个婚礼，还是全家欢聚小住的家园，是亲朋相聚逗乐的栖息地，是逃离喧嚣城市的静养处，是亲情、爱情、友情融合的体验乐园。

（2）留下美好的回忆。"关关雎鸠，在河之洲。窈窕淑女、君子好逑"。在悠扬、温婉、绵长的古韵中，在大自然的高山流水、绿草红花中见证新人的结合。以后每当涉足山水，就会记起那曾经的美好，心头就会升起绵绵爱意，就会牵紧彼此的双手走向未来的岁月。

（3）品味人生。在天然的乡村，新人在鲜花与碧草中呼吸着大自然赐予的新鲜空气，享受着最天然的美丽景致和生态食品，共同度过人生最美好的日子。这些都是繁华都市无法给予的。少了酒店高昂的费用，少了迎来送往机械的微笑，多了健康的饮食，多了浪漫的田园风光，可以尽情享受人生。

婚庆基地也要有产业，怎样打造婚庆主题休闲农园？

七、文创活动

如何挖掘农业旅游的内涵，做出有特色、受消费者欢迎的旅游新形式？一种新的农业产业模式逐渐兴起。这就是将文化创意产业与农业相结合而产生的文创农业项目。

文创农业是继观光农业、生态农业、休闲农业后，新兴起的一种农业产业模式，是将传统农业与文化创意产业相结合，借助文创思维逻辑，将文化、科技与农业要素相融合，开发、拓展传统农业功能，提升、丰富传统农业价值的一种新兴业态。

1. 专业型文创农业项目

此类项目是单纯以文化创意农产品、工艺品、饰品等的生产、加工、创作与销售为主的文创农业项目。

（1）文创农产品农场。文创农产品农场指的是单纯经营文创农产品的开发与种植的农场，它以文创农产品的种植为主要功能，以批发文创农产品作为盈利手段。它的规模可大可小，主要目的是提高传统农产品附加值、增加农民收入、为消费者提供丰富的文创农产品。

（2）文创农艺工坊。文创农艺工坊是以文创农产品、文创农业工艺品、文创农业装饰品及其包装的设计、制作与生产为主要服务职能，以销售此类商品为主要盈利途径的一种文创农业项目开发模式。

（3）文创农品专营店。此种开发模式主要结合城市或者旅游服务区，为消费者提供文创农产品、文创农业工艺品、文创农业装饰品等销售服务，以此来获得盈利的一种文创农业项目开发模式。

2. 综合型文创农业项目

此类项目与农业休闲旅游项目相结合，主要体现为以下几种模式：

（1）文创主题农庄。该模式是围绕一个特色鲜明的文创主题，以农业要素为主体和题材，以建筑为核心，辅以花园、果园、田园、菜园、树林、牧场等农业生态环境，主要为游客提供农事活动体验、农业文化欣赏、居住、游乐、休闲、养生、养老等功能服务的一种休闲农业开发模式。游客在农庄中可以观赏文创农业景观，品尝、购买文创农产品、文创工艺品，体验文创活动等。

（2）文创亲子农园。文创亲子农园是以生态农业景观、农作物、禽畜等动物、农事活动等为主要元素，开发各种文创农业项目，供亲子家庭游乐、体验的一种休闲农园模式。该模式将文创农业景观、文创农产品、文创工艺品、文创农业技术展示、文创农业节庆活动体验融入其中，从而提升亲子农园的品位与价值。

（3）文创休闲农牧场。休闲农牧场其实是休闲农场与休闲牧场的统称。该模式主要是以农场或者牧场为经营主体，以农业种植、牧场养殖为主要目的，并辅以文创产品开发和休闲、游乐、体验服务的一种开发模式。其中同样包含了文创农业的融入，为项目增添了更多乐趣与价值。

（4）文创酒庄。酒庄一般是指红酒庄园。文创酒庄是指主要以酿酒葡萄种植、葡萄酒生产为主，辅以红酒文化体验、红酒展览和销售以及休闲度假服务的一种开发模式。其中，文创农业的加入与运用可以为该模式增添更丰富的产品和更高的价值，增强其发展竞争力。

（5）文创现代农业示范园区。该模式主要以生态农业、高效农业的现代农业生产为主，辅以参观、体验等休闲度假服务，并在其中融入文创农业，可以更好地发挥其示范作用和游览功能。

3. 发展文创农业的做法

（1）战略上，突出自己的特色，做出自己的个性，哪怕只做一个产品，也要力求做精、做强。

（2）经营模式上，因地制宜，定位明确，在市场半径、经营规模上做出精细考量，力求把控周边市场。

（3）营销上，深挖风土人情、文化底蕴。那些能静下心来，在身边好好寻找历史、寻找打动人心故事的企业，不但产品能在市场上持久畅销，更能树立良好的企业形象。这一点是值得农业企业好好借鉴的。

（4）产品上，对农产品进行多加工、深加工、精加工，这样才能更贴近消费者的需求，追求"一鱼多吃"，创造更多的消费。

（5）沟通上，多讲故事，多用情感制造溢价。文创产业营销的关键，是要会讲打动人心的好故事。中国台湾地区的文创农产品品牌"掌生谷粒"就是用情感去沟通的好例子，它的每篇文案都能做到温情脉脉、打动人心，所以尽管它的价格稍高，却仍然颇受消费者的欢迎。这就是赋予农产品充足的情感，利用情感制造溢价。

（6）形象设计上，一定要做出有特色、令人印象深刻的品牌形象。农业需要好产品，更需要好的营销。

八、节庆活动

休闲农业如何规划节庆活动,如何赋予其文化内涵并进行深度开发,如何通过精心组织,使广大消费者从节庆活动的舞台和动态化的产品中获得知识和娱乐价值? 这是每个农庄经营者需要认真思考的问题。

近年来,一些休闲农业项目也逐渐开始尝试举办一些节庆活动来吸引消费者,但多数节庆活动内容单一、主题内容不鲜明、宣传力度不够,导致游客参与度低。同时,很多节庆活动缺乏文化内涵、文化品位不高,对休闲农业的带动效果不是很明显。那么,设计休闲农业节庆活动,应该从哪几个方面寻找创意呢?

1. 从民族节庆中找创意

节庆活动是一种社会现象,通常带有强烈的民族色彩。按照该节庆起源于哪个民族,可以将节庆活动分为单一民族的节庆活动和多民族的节庆活动两种类型。

单一民族的节庆活动是一些民族所独有的活动,例如藏族特有的沐浴节。而多民族的节庆活动体现为数个民族共有的活动,例如春节,除汉族以外,还有二十多个民族都过春节。按照我国各民族节庆活动的主题分类,主要有:农事类,如高山族的丰年节、阿昌族的浇花节;宗教祭祀类,如回族的开斋节、纳西族的转山节、布朗族的山康节;历史事件或人物纪念类,如侗族的林王节、苗族的苗王节;文化娱乐类,如蒙古族的"那达慕"大会;庆贺类,如藏族的酥油灯节、满族的颁金节、壮族的吃立节;商贸类,如纳西族的骡马会;生活社交类,如朝鲜族的梳头节、傣族的泼水节等。这些节庆活动带有很强的民族色彩。

2. 从当地人物与事件中找思路

节庆活动是一种历史现象,其起源往往与历史事件(国庆节)、历史人物(端午节)、宗教故事(狂欢节)和神话传说(泼水节)等有关。节庆活动可以分为以下两大类:

(1)历代传承至今的传统民俗节庆。例如,春节的逛庙会,端午节的划龙舟、吃粽子,中秋节的赏月、吃月饼,重阳节的登高、赏菊等习俗古已有之,至今仍盛行不衰,是我国传统的民俗节庆活动,具有很强的事件性特征。

（2）后来新兴的现代节庆。除了"十一"国庆节、"五一"劳动节等法定节假日外，各地还开发了不同的节日。例如，哈尔滨冰灯节、上海桂花节、大连槐花节、洛阳牡丹文化节、长沙樱花节、江苏宜兴陶瓷艺术节、广西南宁国际民歌艺术节、安徽砀山梨花节等都是新兴节庆活动的典型代表。

随着时代的发展和人们的需求变化，一些城市或者地区为了发展当地经济而打造体现当地特色、宣传当地文化和产品的节庆活动，这是各地发展节庆产业的一种趋势。休闲农业在挖掘和打造节庆活动的时候，要注重事件性要素的发掘，以丰富节庆活动的文化内涵，促进节庆活动的可持续性。

3. 从节庆文化中找灵感

一个节庆活动之所以能长久延续和传承，是因为它是历经长期积淀、演变和发展而来的，是根植于人民大众的民族感情、民族信仰和生活习俗之中的。新兴的现代节庆往往是某个地区因时、因事、因物或因名人等创造出来的一种庆祝活动，或者说是一种展示地方文化的形式，这也是一种聚集人气的方法。这类节庆活动，如果其定位比较准确，能同当地的民情和文化相融合，有可参与性，也有吸引力，在经济上能做到良性循环，不给政府和百姓造成负担，它就能够持续存在并发展下去。

节庆文化包括传统文化、时代文化和外来文化。其中，传统文化就是节庆活动本身所具备的体现本地区风土人情的文化，是节庆活动的基石；时代文化是随着时代的发展，节庆文化与时俱进，在传统文化的基础上增加的创新元素；外来文化是节庆活动在举办的过程中。随着当地居民的观念逐渐发生变化，吸收其他地区文化元素的产物。节庆文化是这三种文化的综合体。

4. 从休闲农业的生产经营活动中找节庆主题

休闲农业可以围绕种、养、加等生产经营活动，从食、住、行、游、购、娱中寻找节庆主题，开展丰富多彩的节庆活动创意。例如，以水稻为主的农庄，可以设计插秧节、龙虾节、捕鱼节、斗牛节、割稻节、新米节、丰收节等。节庆活动还要围绕休闲农业设计丰富多彩的系列休闲娱乐与体验活动。例如，某樱桃主题农庄围绕樱桃主打产品创办了"樱桃节"，利用媒体广泛宣传"樱桃节"，让更多人了解"樱桃节"的活动内容，调动游客参与"樱桃节"的积极性，并且创意设计了一系列"樱桃节"活动：①野炊、冷餐会，采用军事野炊冷餐会这两种形式，解决游客的就餐问题，同时增加了参与乐趣；②登山及长跑，采用设立奖项进行登山及长跑活动；③野物捕捉，在相应区域放入鸡、兔、鸭等小动物让游客自行捕捉；④樱桃寻宝，在山上沿途藏有篮装的樱桃，让游客进行定向寻宝；⑤对歌大会，以民歌、山歌、流行歌为主，以增加游客游览兴趣；⑥樱桃采摘，在樱桃园进行采摘活动。

第四节 | 休闲农业营销与管理方法

一、生产管理

休闲农业如何做大规模、做好生产管理、降低生产成本，是休闲农业经营主体首先要考虑的问题。凡是效益好的休闲农业项目，无一例外，在发展的道路上都始终坚持引导农民积极参与项目建设、运营、管理。

休闲农业如何引导农民积极参与生产管理，带领农民增收、脱贫、致富，实现农庄与农户共赢，使企业走向成功？目前，引导农民参与休闲农业项目的生产管理主要有以下五种合作模式：

1. 聘用农民

该模式是指休闲农业项目直接聘用农民进行生产管理。从湖南省2万多家休闲农庄的用工情况来看，每一家休闲农庄都会安排当地农民就业，少则几人，多则十几人，五星级休闲农庄可以达到几十人甚至上百人。这些休闲农庄的用工人数中，当地农民所占比例都超过了50％以上；离城市较远的休闲农庄聘用的当地农民人数占用工人数的比例更高，达到了80％以上。农民成为了休闲农业发展的主力军。例如，湖南省宁乡市湘都生态农庄安排150名当地农民就业，占农庄用工人数的90％，浏阳市桂园休闲农庄安排了80名当地农民就业，占农庄用工人数的95％。

2. "返聘" 农户

这种模式是指农户将土地流转给了休闲农庄之后，农庄再聘请农户参与生产管理。农户参与生产管理的方式有：目标管理、包工不包成本、承包经营等。一些农庄将出租了土地的农户全家都"返聘"到农庄，参与种植、养殖和农产品加工工作。例如，湖南省宁乡市湘都生态农庄聘请了10多户出租地农户全家在农庄工作。

3. 入股经营

有部分休闲农庄经营主体创新能力很强，为了做大农庄而采取了允许农户入股经营的方式。其中，农户用土地、房屋、传统技艺等资源入股，农庄以资金、生产资料等多种方式入股。农户生产的产品与提供的服务由农庄随行就市购买，使得农庄与农户都可获得双重甚至多重收入。例如，湖南省长沙县慧润山庄采用当地农户入股经营的方式，收到很好的效果。

4. 订单生产

订单生产是休闲农庄与农户都比较喜欢的一种合作模式。农庄制定产品质量标准，下单给农户，农户按照合同与生产标准进行生产，农庄依照合同标准进行收购。例如，湖南省长沙县慧润山庄注册了"板仓人家"的农产品品牌，与当地农户合作采用订单生产方式，农户生产的产品由农庄采购后，经过精加工和包装再对外销售。目前订单生产的品种已达到了50多个，销售情况良好。

订单生产也是一种很好的资源整合合作模式，既有利于休闲农庄的经营，也有利于带动农户共同致富。例如，湖南省浏阳市桂园休闲农庄采用订单生产方式带活了多家合作社和家庭农场。其中，与四家黑山羊合作社和家庭农场进行订单生产合作，每年采购黑山羊300多只；与三家养鸭合作社进行订单生产合作，每年采购10万枚绿壳鸭蛋；与桂花种植农户进行订单生产合作，每年采购和加工桂花上千千克。又如，湖南省长沙市海天山庄每年采用订单生产所销售的猪、鸡、鱼占了其农产品销售总量的80%。

5. 合作社合作

这种模式就是指休闲农庄与农民合作社合作，让合作社共同参与休闲农业与乡村旅游的合作开发。有了合作社作为纽带，农庄与当地农户就很容易形成鱼水关系，有利于促进农庄有序健康发展。例如，湖南省湘乡市龙生龙和生态庄园与当地蔬菜合作社签订共同发展合同，不仅降低了农庄的土地运行成本，农庄的生产规模也由过去的300多亩一下增加到上千亩，实现了合作社与农庄的资源整合与合作共赢。

休闲农庄的发展，人的因素至关重要。只有积极与农民开展合作，农民赚生产的钱，休闲农庄赚经营管理与品牌营运的钱，农庄的生存和发展才会走上良性的轨道，取得好的业绩，得到政府和社会的认可。

二、人才管理

休闲农业企业的竞争已开始进入人才竞争阶段。休闲农业企业的管理者们如何让专业人才充分展示自己的才华？如何让他们在园区痛痛快快地工作？这是十分重要的人才管理难题。

1. 界定专业人员与休闲农业园区管理者、顾客的关系

休闲农业企业的管理者、顾客和专业人员的关系应该界定为朋友关系。这种平等关系的实质是要求彼此互相尊重。专业人员不会觉得自己比管理者、比顾客矮一头，而是觉得彼此有平等对话的权利，他就不会因为感到憋屈而采用不作为的消极态度去对待工作、对待顾客。

2. 让专业人员过上有尊严的生活

大中专毕业生到休闲农业企业工作，通常希望得到单位的重视和培养，希望自己的工作受到肯定。企业管理者首先要从组织结构上重视专业人员，而不是只把他们视为完成管理者指令的工具。

优秀的休闲农业管理者会给予专业人员更高的权利，如专项经费使用、产品销售打折等。专业人员多数工作在一线，直接接触具体业务，如果他们能做好工作，企业应该给予他们相应的奖励。一方面，要尊重专业人员的工作，重视他们的价值；另一方面，给予专业人员更多的权利，让专业人员有尊严。

3. 做好专业人才的培养工作

首先，对专业人才的培养是个基础工作。对专业人才的培养要始终贯穿于休闲农业项目开展的各个环节中。例如，在技术开发方面，不能仅看到技术成果，更应该重视在开发技术的过程中培养出来的专业人才。所以，休闲农业管理人员在带领专业人员开展任何一项业务的时候，都应该注重在此过程中对人才的培养与锻炼。

其次，对专业人才的培养是个系统性工作。对专业人才的培养不仅是领导找人谈谈话、送出去听听课那么简单，而应该从系统方面进行建设。休闲农业企业是否形成了一个尊重人才的环境，在人才队伍建设方面是否提供了制度上的支持？休闲农业企业是否能够就人才队伍建设过程中出现的各种问题提供一套系统的解决机制，在专业人员的薪酬、福利、工作环

境、责任分配、监督检查、日常培训等诸多方面是否形成了一个互相支持的系统？

最后，对专业人才的培养应由企业管理者直接推动。休闲农业企业的专业人才建设，如果不是由企业管理者来直接推动，这个系统工程运行起来就可能非常缓慢，甚至会偏离原来的方向和目标。休闲农业企业的很多资源是由企业管理者直接掌控的，企业管理者应当将这些资源加以有效整合，使其发挥推动休闲农业企业专业人才队伍建设的重要作用。

三、经营管理

很多休闲农业经营主体都有一种痛，那就是"不赚钱"，据调查，目前休闲农业能够真正做到盈利的项目还不到 30%。休闲农业投资大，风险大，投资回报周期长。即使这样，休闲农业还是呈现爆发式增长。

休闲农业企业要建立自己的盈利模式，必须加强企业的经营管理，可以从以下几个重要方面进行探索：

1. 主题定位

很多休闲农业经营主体在投资休闲农业之前都看过很多案例，也想过很多方案，但大多数人还是围绕一片果园、一片菜园、几个鱼塘或者一个餐厅、几间客房打转转，总是想着采摘、休闲、拓展、亲子等几个老套路，而且什么都想做，最后很可能什么都做不好。问题的关键就是他们没有做好主题定位。

休闲农业的主题定位是一个专业性较强的工作，它要根据休闲农业项目所在地区与城市的距离远近、交通区位条件、景区环境、当地产业优势等要素来确定，同时还要结合休闲农业经营主体的个人喜好、当地农业资源条件（如地理位置、气候、土壤、水源等）、当地民俗文化等因素综合分析后才能得出。检验主题定位是否正确的一个重要标准就是这个主题是否在当地有唯一性或优势。

例如，长沙青天寨休闲农庄拥有采摘、会议、餐饮、住宿、娱乐等经营项目，但农庄聚焦"团队休闲"主题，围绕"团队休闲"主题创意设计了一系列休闲体验活动，并精心组织实施。农庄因此成为很多企业，特别是中小企业和各种群体团队去青天寨休闲消费的首选。

2. 个性化设置

有了主题后，休闲农业项目还要对主题进行包装与表达，让主题个性化、精致化、时尚化或趣味化，使之容易被目标客户群所接受。如果主题不经过设计，不用个性化来表达，很容易陷入同质化陷阱。

以大家都在做的采摘主题、花卉主题为例。如何彰显特色呢？湖南省长沙市望城区丰收园围绕眼镜蛇与养生蔬菜主题进行个性化打造，因而人气旺、收益好；中国台湾漳化县的蘑菇部落则围绕蘑菇主题做文章，农庄有蘑菇菜馆、蘑菇观赏、蘑菇俱乐部、蘑菇商场、蘑菇 DIY 等一系列内容支持主题，农庄土地面积只有 30 多亩，却创造了年收入约 2 000 多万元人民币的良好业绩。

3. 找到盈利点

有了定位主题后，农庄必须围绕主题找到支撑载体，找到盈利点，这样才能使主题得到落实；否则，农庄的主题定位就变成了一句空话，成了显摆的空中楼阁。因此我们要围绕主题思考农庄的体验活动项目、景观设计、产品等，思考农庄所有项目内容的创意设计是否与主题匹配。

现实中我们遇到比较多的问题是：不少农庄经营者有很好的创意，但缺乏体系、缺乏相对完整性，最后多数又回到人云亦云、同质化的老路上去了。

农庄盈利点的确立是农庄经营模式的重中之重。没有盈利点的农庄大多都是杂乱无章的，规模再大，也就是个"农家乐"经营模式，想盈利也是很困难的。农庄的盈利点必须围绕主题定位来确定，才会相得益彰、事半功倍。

4. 规划设计

很多农庄由于没有事先规划设计，结果造成资源浪费和同质化经营，导致效益较差。因此，农庄围绕主题进行规划设计是农庄投资的重要一环。专业的人做专业的事。找准专业的团队做农庄规划设计是农庄经营者的必修课。休闲农业是一个前无古人的新业态，没有人做过，有的也只是休闲农业行业的先行者。农庄经营者不能因盲目自信或者想省点小钱而不认真做好农庄的规划设计方案。农庄的规划设计是农庄的顶层设计，最好是一步到位、分步实施，从而避免损失及浪费，增强未来农庄的生命力。

好的规划设计方案是农庄赚钱的基础。

5. 收益估算

获得投资回报是多数休闲农业经营主体的投资目标，进行投资收益估算是确定农庄盈利模式的最后一个步骤。开展投资收益的估算，指导思想就是每一笔投资都要考虑它的收益与效果。休闲农业一定要追求轻资产运营的理念，不能搞"高大上"。进行投资收益估算就是对农庄所有项目进行成本的测算，并结合收入三要素进行全面系统的收益分析，其公式是：收入＝顾客人数×消费频率×消费金额。

一个农庄的顾客人数是有限的，很难做到顾客的无限扩大化。因此，农庄努力追求顾客的消费频率与扩大消费金额是比较切合实际的增收方式，努力做好"头回客"与"回头客"的服务工作。为游客提供令人满意的休闲服务产品与实物性消费产品是提高农庄盈利的一种有效模式。

四、营销推广

1. 休闲农庄如何利用网络做营销

有人不懂网络营销的精髓，只知道疯狂地去加群、发广告、加附近的好友，结果没什么效果。我们应该耗费大量时间去搞明白我们的客户群体在哪里，而不要盲目去进行不明方向的推广。明确了目标客户，才能更方便地开展精准化营销。

那么，休闲农庄怎样利用网络做营销呢？

（1）农庄经营者重视认可。农庄经营者要重视、认可互联网的传播功能，最好成立专门的网络营销部门，并安排专门人员与专门经费运作网络营销。

（2）找准客户群体。做网络营销要明确农庄主题定位，并找准这个主题的目标客户群，然后再去相应的网络客户群所在地进行推广。

（3）微信营销。从事农庄的推广销售，最简单的方法就是利用微信的微信群和朋友圈进行销售，不用技术、不用什么营销手段，只要农庄有特色，就会有人感兴趣。微信只是前期最原始的积累。

（4）平台营销。当休闲农庄达到一定规模，产品与休闲活动的市场体量较大，单纯靠熟人生意比较受限，这时候就需要一个好的网络营销平台。有的人会想：何不自己开发平台？但是，一个平台不是那么容易就开发的，需要很多团队做技术支撑，还需要花很多钱做大量推广，因此还是利用别人现成的平台比较靠谱。像京东、淘宝、轻松筹等平台都相继开通了农业的众筹和网络营销功能，可以灵活使用这些平台。

（5）网店推销。京东、淘宝等都可以开设网络商店。休闲农庄可以结合自身的模式开一家网店进行营销。

（6）在线直播营销。在线直播营销现在比较流行。可以在直播平台直播农庄体验活动的设计与组织过程、有机农产品的生产过程，讲解农庄服务产品与实物产品的特点，提高自家产品的曝光度，从而提高销售。

农庄网络营销一定要和当前潮流相结合，例如现在很火的直播。有很多淘宝店家直播自家的农产品种植园，一上午就卖出上千单。此外，上头条、上热搜也可以大幅带动农产品的销售，这些都需要去挖掘。

（7）多渠道网络营销。例如，在QQ群、微信群资料里面更新最新农庄节庆活动、休闲项目与产品内容，录制农庄相关推广内容，然后到贴吧、论坛、微信、QQ、视频平台等网络渠道去推广。

2. 做好休闲农庄营销策划方案

（1）明确营销目的。营销的目的是解决问题，其中最核心的就是解决如何提高农庄收入的问题，此外还有提升知名度和提升用户体验等，具体要看休闲农庄要解决什么问题，再考虑设计何种营销活动。例如，休闲农庄的生意还不错，但是农庄生鲜与加工农产品的销售收入较低。根据这一情况，我们可以做一个营销活动，如开展购物返券或购物送赠品，引导客户提高购物。但是注意，不要做购物减价，那样牺牲的是你自己的利润，而休闲农庄本来就销售收入较低，做购物减价的活动显然没有任何意义。休闲农庄还可以在网上设计1元秒杀、团购等活动，或者通过折扣活动去吸引用户，但是注意要有好的由头，不能牺牲自己的品牌价值。另外，还要注意周边农庄的活动，不要和对方打价格战、持久战，要有节制地设计活动，活动不是短期、一次性的，而是要长期地、有重点地、有目标和计划地做。此外，要是想增加用户体验，那么可以通过给农庄产品找茬（或建议）有优惠等方式来做活动，这样顾客会觉得农庄营销活动的核心是提高体验，而不是优惠，效果会更好。

（2）制定营销目标。农庄体验活动和需求不同，营销目标肯定也不同。如果我们做活动的目的是增加农庄收入，首先我们要设定活动后应提高的一些具体的营销目标，如农庄收入的平日增长率、周末增长率、整周增长率、全月增长率等；其次还要设定活动结束后营业额的增长率等，并且还要设定活动期间的成本目标、人员成本目标等。如果做个活动，营业额增加了 10%，成本却增加了 20%，或者做活动时没有考虑到对顾客的服务和接待能力，造成顾客的体验效果不佳，反而使顾客的各种投诉增加了，那样就得不偿失了。所以，营销目标不是单一的，而是多方面的，要注意进行权衡，并且要重点关注游客流量与客户评价效益。

（3）设计营销方案。营销方案包含了活动整体计划、广告宣传、宣传渠道、执行标准、促销方案、服务流程、每日任务等各个方面，要做得越完整越好，要考虑到各个方面，不要过于随意。例如，做一个农庄节庆活动的营销方案，不能只从销售的角度考虑，也要考虑顾客体验项目，以及产品供应是否方便、是否稳定，价格在活动期内是否合适，同时还要考虑农庄食、住、行、游、购、娱等方面的接待能力。另外，还要考虑用什么宣传品、达到什么宣传效果、怎么设计、告知时间、预热标准，以及怎么使用媒体、何时发送、活动期内分几次宣传、每次宣传的重点和要达到的目的是什么等，这些细节都要具体并且可落实。此外，就是对节庆活动时间安排的考量。例如，有的农庄只搞一天活动，现场就很容易爆棚；有的农庄搞一个多月活动，后期就没有了刚开始的气氛。所以，农庄的节庆活动时间一般安排 3～7 天是比较适宜的。

（4）制订方案落实措施。每一项工作都应具体到人，对每个环节应有相关的负责人和检查人。一个营销活动就是一个项目，要有项目负责人、项目时间表，然后每日检查并调整进度表。方案落实一定要具体、全面。例如，一个活动结束了，是在活动结束当天晚上还是第二天收起本次活动的宣传品？应该如何回收，是放在库房，还是由各部门销毁，还是收回农庄？剩余物料有多少，如何处理？这些都是要具体落实的。

（5）组织员工培训。营销活动培训一定是针对所有人的，而不是只针对某个部门的员工。经常看到一些农庄在做营销活动培训时只对前台部门人员进行培训，后台部门人员对活动方案几乎不知道。但是一个营销活动是整个农庄的活动，各个部门都应该了解活动方案，因为客户在咨询的时候，往往不会专门找活动组织者，而是碰到谁问谁，包括保安、车辆指挥人员、生产服务人员等。只有农庄所有人员都了解该项活动方案，才会达到思想统一，才会得到好的结果。

（6）方案组织执行。组织执行是农庄营销方案能否达到预期效果的关键。例如，在宣传时是否按照方案的规定去执行了？方案要求今天安排人员发传单，然后员工表示他们向客户发了传单，这个不叫执行。真正的执行应该是确认：今天员工在什么时间、什么地点针对什么人发放宣传单，发放时应配以什么话术、重点介绍什么，开始时间和结束时间分别是何时，每个人的发放量应该达到多少，检查人员的路线应该是什么，等等。把每个执行计划落实并细化，这样大家才知道自己到底要做什么。

（7）方案调整完善。方案调整完善应包含活动中与活动后。例如，在活动中，结合实际的效果，随时对活动进行调控，包括服务人员安排、备货、物料储备与发放、宣传重点、宣传渠道等，都需要在实际中随时进行调整优化，否则很容易出现问题。

（8）方案总结优化。活动结束后，农庄要收集相关数据，通过数据分析等一系列操作，对农庄的该项营销活动进行总结，例如哪些渠道宣传效果好、哪些效果差。通过分析，我们就知道下次活动时重点资源应该投入哪些渠道。农庄要将多次同类型活动进行深入对比分析，找到每次活动中的进步与退步，有针对性地进行优化，包括促销话术的优化、农庄体验活动的优化、人员配备的优化、方案设计的优化等。每一个计划，计划的每一个环节都不会是完美的，都是通过优化逐渐完善的。

3. 休闲农业营销的几个重点

休闲农业营销的目的无非是让更多的顾客来，让更多的顾客成为回头客，能自愿为休闲农庄的品牌做宣传。很多人把营销仅仅看作价格促销，这是片面的。真正的休闲农业营销其实从项目选址、产品定位、品牌名确定就已经开始，是一种系统性很强的原动力营销。

（1）选址很重要。定位定生死，人们常说的农庄"风水"其实就是选址与农庄产品和服务的匹配度。如果农庄不考虑产品，顾客再多也不会成为你的客户。以草莓采摘这个休闲农业经营项目为例。草莓有难保存的缺陷，它的消费群有哪些，主要集聚在什么地方？必须根据产品找顾客、根据顾客找地址。草莓专业种植户一般会把草莓种在离城市较近的郊区，紧靠马路边。这是因为城市近郊人流量大，种在这里可以方便城市消费者前来采摘、购买。休闲农庄的选址也要建在人流量大的地方，具体来说就是紧紧围绕四个依托来选择，即依托城市、依托交通、依托景区、依托产业。

（2）定位接地气。做休闲农业，首先要根据当地自然资源条件和经营者的自身优势确定休闲农业的主题定位；其次，休闲农业一定要做接地气的产品，一方面有消费者需求做基础，另一方面便于开展传播及后期拓展。以休闲农庄为例。农庄定好主题后就要做产品组合。例如，做蘑菇主题农庄，肯定是要与蘑菇加工产品相结合，因此在增加蘑菇主题系列产品的同时也要丰富体验活动、科普教育等服务内容，做长蘑菇产品产业链，增加收入。

（3）品牌要直接。品牌的诉求一定要直接，不能跟顾客绕弯子。很多休闲农庄的名称简洁明了，如百果园、蘑菇部落、养怡农庄、天之骄子庄园等，其品牌诉求很明确、很直接，一下子就让人记住了。

（4）不能"跟风跑"。目前，休闲农业市场很火爆，如古镇游、果蔬采摘、亲子活动等，生意都很好，很多休闲农庄也一窝蜂地搞古镇乡村旅游、果蔬采摘体验活动等。这样盲目跟风，效果肯定是不尽如人意的。农庄只有根据自己的主题定位，围绕主导产品来设计体验活动，才会显得有特色。如果一味地复制其他农庄好的东西，是永远做不出特色的，因而也谈不上农庄的盈利与长久发展。

（5）服务时尚化。休闲农庄是一二三产业的融合体，也是农旅紧密结合的新型企业。随着新兴消费群体兴起，时尚消费正逐步成为一大主流。例如，目前很多年轻人的吃、喝、玩、乐全部都通过微信来进行，因此与网络、手机相关的服务就显得尤其重要；又如，一些城里人喜欢自己动手做饭菜，有的农庄就推出了"自助餐厅"，主打无人服务概念，游客可以亲身参与菜品烹饪、装盘等环节，体验整个就餐流程。这些新的经营模式很受城市消费者的喜欢。

（6）营销网络化。将来休闲农业的发展将走向何处？根据中国的现实情况，有人预测未来"小而美"的主题休闲农庄将会是主流，具体来说就是面积在 300 亩以内、投资控制在 500 万元左右的农庄。随着移动互联网的发展以及新兴消费的兴起，"小而美"主题休闲农庄的经营形态也将发生改变。"平台＋绿色农产品销售"的形式会逐渐流行。

一些农民合作社以及种植、养殖大户生产的农产品将会成为休闲农庄产品销售平台的流量担当，充当起"网红"的角色。未来农产品销售的竞争必然是平台与平台间的较量。平台与休闲农庄的关系既是一种线上与线下的关系，也是一种互利共生的模式。那些品牌口碑好、平台经营好的休闲农庄将在市场竞争中赢得先机与主导地位。

【视频 9】
没钱怎样做乡村旅游？湖南津市青苗社区太火
了，除了书记与村民，还有什么原因？

第五节| 休闲农业品牌建设

一、休闲农业品牌化概述

休闲农业品牌化是指目的地通过打造具有知名度和影响力的品牌,凸显当地休闲农业的竞争优势,从而更有效地推出休闲农业产品的一种发展战略。休闲农业品牌化要求休闲农业企业把资源优势转变为经济优势,以市场需求为导向,充分利用当地资源,全面规划,合理布局,打造自己的品牌。例如番禺的"绿野乡风化龙农业大观园"、深圳的"海上田园"、高要的"广新农业生态园"、三水的"荷花世界"等都是既有品位又有创意的休闲农业品牌。

休闲农业品牌具有两种基本的形式:休闲农业公共品牌和休闲农业企业品牌。休闲农业公共品牌是相对一个区域而言的,它并不为某一个特定的企业所独占,而是为该地区所有的企业所共享。公共品牌具有公共产品的特性。在一个有良好公共品牌的地区,当地的任何企业品牌都可以从公共品牌中获益。公共品牌的培育是需要政府以及所有受益企业共同努力的。由于休闲农业的地域性,此地区的公共品牌不可能为其他地区所使用,从这个意义上说,一个区域的休闲农业公共品牌依然具有排他独占性。例如,"益阳农家乐"就是湖南省益阳市的一个休闲农业公共品牌。休闲农业企业品牌则与企业利益相联系,是在地区公共品牌基础上对其进行的丰富与完善。休闲农业作为一种农旅结合的新型业态,其产品除了实物产品,还包括服务和创意,是一组使用权利的组合,其品牌更多地与休闲农业企业相联系,更多地体现为休闲农业企业品牌。

二、休闲农业品牌化发展的必要性

由于休闲旅游产品的不可感知性、生产和消费的同时性等特点,消费者无法像购买其他实物产品一样,在购买前预先知道该产品的性能、质量，因此休闲旅游产品通过信息传递所表达出来的质量与品质，将最终决定消费者的购买行为。而品牌作为一种特殊的信息载体，无疑发挥着极大作用。在现代经济条件下，竞争需要品牌，休闲旅游产品是能给旅游者带来精神满足的特殊产品。作为一类能带给人们多方位享受的新兴休闲旅游业态，休闲农业已经为越来越多的消费者所接受，人们在选择一项休闲农业产品时，也必然倾向于选择那些知名品牌。因此，休闲农业的发展应该顺应品牌时代的潮流和趋势，锐意创新，坚持以人为本的旅游哲学思想，创造出消费者认可的品牌，以品牌架构起产品与消费者心灵对话的桥梁，以文化的力量使人的心灵在大自然中产生共鸣，最终创建天人合一的和谐休闲旅游空间，从而提升休闲农业产品的核心竞争力，使休闲农业能在激烈的市场竞争中得到发展壮大。

三、休闲农业品牌建设基本方法

1. 休闲农业公共品牌的培育

休闲农业公共品牌的形成有一个培育和成长的过程。公共品牌的培育是需要所有受益企业共同努力的，"众人拾柴火焰高。"然而由于存在"搭便车"的可能性，加之企业追求利益的最大化，公共品牌的培育如果仅仅依靠企业的力量，最终的结果肯定是成为一块"公共牧场"，以"荒芜"告终。只有政府才能从区域休闲旅游业的整体利益出发，整合休闲旅游企业的力量，打破休闲旅游企业各自为政的局面，形成休闲旅游地公共品牌构建的合力。因此，实施政府主导型战略就显得至关重要。

2. 休闲农业企业品牌的塑造

休闲农业企业品牌由于属于单独的企业，其品牌的运作将直接关系到一个企业的生存与发展，它不同于公共品牌没有明确的权属界定，因此企业品牌的运作不同于公共品牌的运作。休闲农业企业提升品牌的途径有很多，但有一条原则是不变的：必须以品牌的目标市场为导向。在以目标市场为导向的前提下，休闲农业企业品牌的运作主要包括以下两个方面：

（1）在产品方面，要积极优化休闲农业产品设计，形成独具特色的休闲农业产品。此外，还要不断推出休闲农业产品组合和特种产品，延伸企业品牌的内涵。例如，以体验渔家生活为主的休闲农业产品，可以设计让休闲者乘坐渔船、参与垂钓和捕捞、驾驶渔船、学习织渔网、烹制水鲜、品尝水鲜、对渔歌和观渔火等，广泛体验渔家生活的乐趣和风情。

（2）在营销方面，企业要开展休闲农业产品促销活动。具体方式包括：可以利用各种节日举办各具特色的中小型节庆活动，丰富产品形式，以吸引更多游客、提高本企业休闲农业产品的知名度；在特别纪念日举办优惠活动；通过报纸、网络等建立立体的信息播渠道，针对目标市场有计划地派发本企业休闲农业产品宣传册，方便消费者获取企业品牌信息；借助名人和公众人物进行促销，强化品牌形象；等等。与此同时，企业应积极开展各种形式的品牌营销活动，促进区域休闲农业品牌的成长。

【视频 10】
如何丰富乡村旅游业态与服务产品？

Chapter 3

第三章

休闲农业案例

案例 1 从"老三样" 到"全国十佳产业农庄", 锦逸山水农庄的蜕变之路！

在长沙城区沿芙蓉大道向北行驶 40 多千米，就到了湘阴县玉华镇的天鹅社区，这里四处绿树成林、青草如茵、花团锦簇、鱼塘连片。湖南锦逸山水农庄就坐落在天鹅社区芙蓉北路的马路边上。

湖南锦逸山水农庄成立于 2015 年，刚开业时，农庄主要经营餐饮、宾馆（棋牌）、垂钓（俗称"老三样"）等休闲农业和乡村旅游常规项目。农庄的经营者欧阳忠宇过去是搞建筑的，尽管很有生意头脑，但由于不知道休闲农业怎么做，主要是学着别人干。农庄经营项目单一，没有发展主题，没有产业支撑，投资也较大，红火一阵后，既没有赚到钱，生意还做得十分辛苦。于是，他潜心琢磨，采取了以下措施：

（一）产业优先，夯实盈利基础

很多休闲农庄经营者为了寻求差异化，一方面极力绞尽脑汁"标新立异"，另一方面费尽心思从外部引入"异地特色"。但短时间内形成的新鲜感，很快就会变成千篇一律的同质化。"不识庐山真面目，只缘身在此山中。"真正的差异化，不是引入外面的"稀罕事"，而是当地农业资源的创新。

1. 利用当地水稻种植与螃蟹养殖特色资源条件

农庄建立了稻蟹生态种养基地，进行农业产业开发、特种水产养殖、绿色环保有机果蔬种植、绿色环保有机农产品生产及深加工等项目。2016 年引进中华绒螯蟹，通过水产专家的技术指导服务，结合当地实际生产条件，实行稻蟹共生的纯天然立体养殖模式，优势互补，实现了稻、蟹的双丰收。2018 年，稻田养蟹面积已经扩大到上千亩。

2. 利用附近荒山林地做产业

在进行科学规划整改后，实行林下种植、养殖。引进沃柑、无花果、草莓、葡萄、火龙果等特色水果，目前已成功育成；林下自然放养土鸡、黑山羊等，禽畜产品肉质鲜美，得到客户的高度认可。到 2018 年，林下种植、养殖面积已经扩大到近 400 亩。此外，农庄的有机无公害蔬菜大棚与绿色有机蔬菜种植面积达到 100 余亩。种植过程中坚持只用土方复合肥，绝不使用化肥和农药，蔬菜的品质及口感深受客户欢迎。

3. 开展绿色有机环保农产品深加工

农庄利用原生态的产品以及传统加现代化的制作方式，生产出自制葡萄酒、稻蟹米、有机系列干菜、自产菜籽油、自制糯谷酒、李子干、剁辣椒、锦逸腊味等系列产品，打造优质品牌。

（二）休闲体验，让游客舒心美味欢乐

农庄种养什么，决定了农庄的休闲娱乐活动要做什么。休闲农业要切忌盲目引入外来资源造成"水土不服"。锦逸山水农庄在充分利用与挖掘当地自然资源与农业资源的条件下，创意出了丰富多彩的休闲体验活动，让游客感到舒心、品到美味、得到欢乐。

1. 好看

农庄以生态之美为特色，目前农庄内绿色植被覆盖率达 90% 以上，各类林木品种繁多，还栽种各类特色花卉面积近 30 亩。来农庄的游客可以远离城市的喧嚣，观赏春红、夏绿、秋黄、冬白的景色。春天万物复苏，草长莺飞；夏天荷塘月色，鱼蟹肥美；秋天金色稻田，瓜果飘香；冬天红梅傲雪，火锅诱人。

2. 好玩

农庄游乐项目丰富多彩。有捉鱼、捉鸡、抓蟹、插秧、割稻、打谷等农事体验活动，有山塘垂钓、水上游船、瓜果蔬菜采摘、亲子科普活动、烧烤、野炊、骑马射箭、野外拓展、各式球类活动等，还有豪华 KTV 和棋牌娱乐室。农庄主要服务本地和长沙的企业及团队客人和其他散客，是亲朋聚会、假日休闲、商务会议、业务培训、拓展训练的好去处。

3. 好吃

农庄厨师烹制出一道道原汁原味的农家菜肴，取材于农庄出产的天然、无污染、绿色食材，色香味俱佳，让游客吃得放心、吃得舒心；农庄在传统的清蒸蟹和口味蟹的基础上，开发了全蟹宴——稻田蟹火锅、卤稻田蟹、

蟹黄蒸鸡蛋、蟹黄炒茄子、蟹黄粉丝、蟹黄豆腐、蟹黄炒饭等。农庄根据庄内养殖的土猪、土鸡、塘鱼等，还推出了水煮活鱼、年猪宴、冬季滋补养生黑山羊火锅等特色菜品。

4. 好购

农庄还出产绿色、安全的加工产品。例如，农庄生产的稻蟹米品质上乘、色泽光洁、口感清香，而且包装精美、携带方便，现已推出 25 千克装、5 千克装、0.5 千克装的精装稻蟹米；农庄还推出瓦钵子蒸稻蟹米饭、红薯蒸稻蟹米饭、吊锅煮稻蟹米饭、各式稻蟹米炒饭等，客人在农庄品尝后通常都会再购买一些稻蟹米，带回去与家人朋友分享。

5. 文化内涵丰富

农庄的乡村文化节庆活动及民俗风情活动开展得有声有色。例如，举办各类社戏和广场舞比赛、拔河比赛，还有捉螃蟹、摸鱼和捉虾活动；举办露天篝火晚会，还有趣味野炊、儿童夏令营和冬令营活动；举办春季野菜节、地方特色小吃节（推出的当地小吃有蒿子粑粑、湖藕丸子、糖油粑粑等）、湖藕节、品蟹节，还有杀年猪、采莲和采藕尖、挖湖藕及各式套餐活动等。这些极具特色的乡村文化与节庆活动吸引了大批来自长沙等城市的游客，农庄的回头客以及慕名而来的新客户越来越多。

（三）科学管理，以人为本

1. 科学管理

农庄借鉴其他行业成功企业的优秀管理经验，结合自身特点制定出了一套有效的休闲农庄内部管理制度以及用人激励机制。农庄的管理、营销、导游、服务人员队伍齐全。

2. 以人为本

农庄非常注重人性化管理。例如，农庄给在职员工提供较好的伙食标准和住宿条件及相关福利待遇；经常组织各级管理人员和员工外出考察、参加培训学习，以开阔眼界，提高员工的专业技术能力；为了满足员工精神层面的需求，成立企业党支部、企业工会，组织多层次的丰富的员工活动；公司员工家里有困难或遭遇重大意外，公司一定会组织慰问看望；遇到恶劣天气，公司会安排车辆进行接送员工上下班；等等。这些举措都很好地提升了员工对企业的归属感和满意度。

3. 资源整合

为了企业的长远发展，农庄与相关院校和科研院所合作，不断引进技术和管理方面的专业人才，以提升企业的竞争力。例如，聘请专业人员负责农庄的运营，聘请实践经验丰富的专家进行农业种植、养殖的技术管理，聘请相关教授和专家来农庄进行指导和传授经验。此外，还邀请政府主管部门的相关领导前来公司指导等。

4. 惠及村民

农庄附近每户居民都有人在农庄上班。农庄还向周边村庄提供相关技术指导和资金帮扶，与周边农户签订种养合同，由农户按公司标准经营种植、养殖品种，然后再由农庄予以收购，从而大大增加了当地居民的收入。此外，农庄还出资全面硬化和修整周边道路，解决了当地居民的出行问题；积极支持社区精神文明建设，免费提供农庄内所有球类活动场地和文化广场，供地方政府和当地企业举办球类比赛活动；本地老百姓的各类社戏和广场舞及球类比赛等都安排在农庄举办。

（四）品牌建设，成效显著

锦逸山水农庄经过提质升级改造之后，生意蒸蒸日上。2018 年完成经营收入 2 000 多万元，实现经济效益 300 多万元。"锦逸"品牌已经在当地获得了较高的市场美誉度和知名度，公司的微信、网站、商城以及各级市场开发和销售渠道布局均已完成。

2018 年，锦逸山水农庄被湖南省农业农村厅评为"省级示范农庄"，被首届全国乡村产业博览会组委会评为"全国十佳产业农庄"之一。

农庄董事长欧阳忠宇信心满满，立志打造一处让都市人向往的具有最佳休闲体验的特色农业产业基地，为大众提供最安全和舒适的有机生态休闲服务。他表示，"游锦绣之地、享安逸人生"是锦逸山水农庄的品牌诉求。他们将一如既往，打造行业翘楚，树"锦逸"优质品牌，做大做强创新型农业产业实体化企业。

案例2 长沙百果园是怎样打造成"省级示范农庄"的？

百果园是湖南省长沙市一个以果（蔬）产业为主题的现代农业休闲观光园。园区内视野开阔，布局合理，果茶林木成行成列，大棚设施规模宏大；百果园内空气清新、景色秀美，一年四季百果飘香，是名副其实的"三湘水果休闲第一园"。

百果园是国家级果茶良种繁育示范基地，是湖南省政府为加快农业产业结构调整、改良优化全省果茶品种所建的种苗龙头基地。

"十三五"期间，湖南省安排扶持资金1亿多元支持示范休闲农庄发展。百果园为什么会脱颖而出呢？

（一）产业主题鲜明

百果园以果、茶、薯种质资源引进、保存、研究与利用，果、茶、薯品种改良及良种苗木繁育，果、茶、薯高科技生产和加工示范为主，并依托产业发展休闲农业，产业主题鲜明。

百果园先后从美国、法国、荷兰等国家及国内各省市科研育种单位引进优质果、茶、薯品种资源，目前已引进20多个品类近300个优良品种，建有品种资源圃1公顷、果茶良种母本园5公顷、采穗圃6.7公顷、繁育圃4公顷、设施生产示范园13.3公顷，还建有果、茶、薯储藏冷库及茶叶加工厂1 840米^2，组培及脱毒检测中心1 200米^2。每年可向社会提供优质果、茶、薯种苗300万株（粒），果、茶、薯母苗（接穗）1万千克以上，生产优质果、茶、薯产品200吨以上。

（二）农业科普教育基地

百果园于2010年与中国电信携手共同建设现代设施农业展示区，通过引进优良品种、实行规范化科学栽培管理、采用先进的设施农业技术，初步建成了湖南省一流的现代设施农业展示区。展示区内划分为七个小区，分别为植物组培快繁小区、茶叶加工与产品展示小区、名优花卉生产示范小区、瓜菜丰产栽培示范小区、特色瓜菜品种展示小区、中草药品种展示小区、名优食用菌栽培示范小区。

百果园每年都会与各大旅行社合作开展中小学生春秋季"科技游"活动，每年接待 2 万多名师生入园参加采茶、制茶、认果、采果等绿色科技游活动。

（三）农旅结合休闲基地

百果园以市场为导向，依据市场需求，开发了以水果、蔬菜、花卉、马铃薯等种苗的示范、推广、生产、销售等为主导的业务，并开发了相关的吃、住、行、游、购、娱一体化产品及与之配套的规范化服务。

园区占地面积 1 200 余亩，其中果园 350 亩、茶园 70 亩、良繁苗圃 40 亩、蔬菜基地 30 亩、水面 100 亩。建有客房 80 间（套）、餐位 800 多个，还有各类会议室、接待室多间，可同时容纳 400 人会议与培训。根据园区资源条件与产业发展，百果园所设计的休闲娱乐活动主要有科普教育、果蔬采摘、现代设施农业观光、趣味农耕、乡村高尔夫练习场、垂钓、拓展训练、嘉年华游乐、射箭、镭战、登山、健身等 30 多个项目。百果园每年接待会议、农业技术培训和观光休闲游客达 24 余万人次，曾先后接待来自俄罗斯、南非、日本等 23 个国家的驻华大使等外国贵宾及农业专家考察团 2 000 余人次。

（四）示范带动效果明显

百果园按照"公司＋基地＋合作社＋农户"的发展模式，带动了当地种植业、养殖业的发展。园区现有就业人员 176 名，60 ％以上为当地劳动人口，有效地缓解了当地的就业压力、转移了农村富余劳动力，为农民创收提供了有利的条件和平台。园区带动 300 多户农民进入产业链，发展基地近 3 000 多亩，每年为当地农民增加收入 1 000 多万元。

自建园以来，百果园先后被授予"国家级农业旅游示范点""全国五星级庄园""湖南省五星级休闲农业庄园""湖南省科普基地""长沙市特色旅游示范点""长沙市十佳乡村旅游点""望城旅游十佳定点单位"等荣誉称号。

（五）丰富休闲旅游项目

百果园利用园区果、茶特色资源与山、水自然资源接待各地游客休闲观光，依托农业生产示范基地开展了特色科普教育与亲子游乐活动，在休闲娱乐方面园区以市场为导向，创意了丰富多彩的休闲旅游活动。

1. 吃

百果园餐饮以酒店宴会厅、"农家乐"为主，主打湘菜、农家菜系列款式，采用产自农庄蔬菜基地及养殖基地的绿色、无公害食材，烹制健康、美味的佳肴。同时，根据时令推出特色餐饮，餐厅服务周全，深受顾客好评。

2. 住

百果园农庄酒店建筑面积 6 000 米^2，综合楼按四星级标准配套，有标准单人间、标准双人间、标准三人套房、豪华三人套房、豪华复式套房、豪华行政套房等 80 间/套，近 300 个床位。农庄酒店采用人性化设计，傍山临水，景致宜人。

3. 玩

百果园户外有 1 200 多亩的广阔场地，可以为游客提供丰富多彩的休闲项目，包括真人 CS 镭战、射箭、骑马、水果采摘、蔬菜采摘、茶叶采摘、野外拓展、科技观光等，还可以举办拔河比赛、环湖接力赛、羽毛球赛等。

4. 卖

百果园拥有果园、茶园、良繁苗圃、蔬菜基地等，可供游客入园摘果、采菜、采茶，尽享田园风味，体验农家乐趣。另外，还有果、茶种苗，园中出产的水果、蔬菜、花卉等农产品，以及各种自制干菜、自制茶油、自酿果酒、熏鱼、熏肉、坛子菜等加工制品可供出售。

农旅休闲产业的开发带动了园区吃、住、行、游、购、娱等服务的收入，加上农业休闲观光收入和农产品销售收入，上缴的纳税额由原来的几万元上升到现在的几十万元。2017 年百果园实现营业收入超过 2 000 万元，上缴税金近 70 万元。

（六）做好市场营销宣传

百果园已建立了自己的销售渠道和营销网络，客源基本保持稳定。目前已同一批旅行社建立了良好的业务合作关系，如中国国际旅行社、中国青年旅行社、新康辉国际旅行社、光大旅行社、中国妇女旅行社、岳阳市云梦旅行社等。

建园之初，百果园农庄就注册了"百果园"商标，借助各种渠道加大对品牌的宣传和推广力度。例如，当地电视台、广播电台、报纸等 20 多家媒体先后对百果园进行宣传报道，产生了较大的社会效益和经济效益，加速了品牌的提升和口碑的积累，使"三湘水果休闲第一园"的形象深入人心；在网络拓展方面，园区与红网、湖南旅游网等合作，取得了很好的宣传效果，同时自身网站建设也取得了长足发展和较大进步。通过多种方式和渠道的宣传，百果园的品牌知名度和美誉度大大提高，奠定了园区作为湖南农业休闲观光领域知名品牌的市场地位。

（七）提升游客服务质量

百果园设有独立的接待部门，主要负责宾客的接待工作。接待部门服务团队有健全的接待制度和完善的接待程序，每一位接待员都接受过专业的培训，具备了一定的业务素质和综合能力。接待员有统一的着装、热情的态度、优质的服务，让每一位来百果园的游客能玩得尽兴。百果园清新的空气、优美的环境、多样的娱乐设施、优质的服务让很多游客赞不绝口，顾客的满意度在 98% 以上。

（八）可持续发展态势良好

百果园意识到，要在农业观光休闲旅游的大市场中实现可持续发展，应该创新管理机制、培养专业团队、优化内部管理，以及加强横向联合、谋求共同发展。同时，综合考虑自身的功能要求、地域优势和经济效益，结合现阶段发展休闲农业形成的优美环境和品牌资源，不断创新，科学规划、合理布局农业观光休闲旅游项目，注意休闲农业资源的开发模式、文化定位，明确目标市场，将百果园农庄打造成全国休闲农业示范、果

（树）品高科技科普示范、旅游产品展示"三位一体"的现代化高科技农业观光休闲示范基地。

案例3　有好农庄还要好经营， 百翠山庄是怎样经营的？

一个好的休闲农业园区，不仅生态景观具有良好的吸引力，农庄还要靠会生产与经营。休闲农业只有把农业生产、科技应用、创意加工和游客参加农事活动等融为一体，让游客领略到其独有的特色，才能收益倍增并持续发展。

2009年，在太湖西南岸的浙江省湖州市长兴县，几位创业者开始用心耕耘2 800亩山水田园，将其打造成一家会员制农场——百翠山庄。

（一）打造特色农庄

一切从零开始：开一条路，耕一片田，搭一个大棚，竖一根木梁，加一片砖瓦……庄主老郭等人辛勤耕耘，坚持使用自然的泉水灌溉作物，从不使用农药、化肥，让作物自然生长，终于成就了现在的百翠山庄。这里是田园梦开始的地方，也是梦境被分享的地方。在山水间、竹林外、鸟语中、溪水边，2 800亩会员制山庄对外开放，12间客房有限预订，只有会员才能分享那份田园山水间的自在、悠然。

（二）会员制经营

1. 年度会员

年度会员的年费为23 800元，可用于购买百翠山庄的各种农产品（含配送到家服务），也可用于山庄度假或定制礼包。年度会员享受以下权益：

（1）一对一专属管家服务。

（2）专属个性礼品（10份以上定制）。

（3）客房。每间客房的会员价为850~968元/天，市场价为1 498元/天。

（4）农产品配送，满足年度会员一家人的营养所需。按需每周2次配送到家，每次24小时内配送到家。

（5）一年 54 场活动免费参加。包括采茶节、杨梅节、丰收节和鲜腊节等。

2. 终身会员

终身会员的入会费为 29 800 元，然后每年交纳年费 23 800 元，可用于购买百翠山庄的各种农产品（含配送到家服务），也可用于山庄度假或定制礼包。终身会员享受以下权益：

（1）一对一专属管家服务。

（2）专属个性礼品（10 份以上定制）。

（3）一块 30~600 米^2 的耕地。要求按需进行耕种，不得荒废耕地。

（4）每年可包一间客房。只需支付基本维护费（198 元/间）。客房数量有限，一共只有 12 间，每年提前预订，订完为止。

（5）农产品配送，满足终身会员一家人的营养所需。按需每周 2 次配送到家，每次 24 小时内配送到家。

（6）一年 54 场活动免费参加。包括采茶节、杨梅节、丰收节和鲜腊节等。

（7）享受庄主身份，有自己私属庄园。

会员定制田园生活，打造儿时的味道。小时候，能吃到的很少，味觉自然很灵；小时候，没有那么多的添加剂，食物自然也保持着原本的味道。长大后在城市，那儿时的味道离我们越来越远了。重新回到乡下，在百翠山庄，每一道端上桌的美食，食材均是从农场获得。"食在当地，食在当季。"地里长什么，就给客人吃什么：没有施过农药的绿色蔬菜、湖州本地最鲜美的湖羊肉、田里跑的竹林鸡、自酿的杨梅酒……那种鲜美是属于儿时的记忆。值得一提的是，在农夫厨房，你可以脱下西装，换上围裙，在传统七星灶前，亲手烹制独属于自家的原味美食。

（三）节庆活动设计

一年四季，会员家庭均可免费参加山庄精心准备的每一个节日：采茶节、杨梅节、丰收节、鲜腊节……享受不同的风俗文化及乐趣活动。例如，稻谷丰收时有丰收节。会员可以前往山庄参与山庄内的收割稻谷活动。换上一身农装，下田割稻、打谷子、晒稻谷、鼓风车，最后品尝自己亲手制的新米饭……这些都是在城里无法触及的生活。此外，还可以定制丰收节周末度假活动，在百翠山庄体验 2 天 1 晚的私属田园生活。

1. 周六安排

（1）从上海自驾出发，11:30 左右到达百翠山庄。

（2）12:00～14:00，午餐。农庄自产即采即食，追寻记忆中的味道。有机黑毛猪、野生黑鱼、有机绿叶菜、新笋等，都是农场最新鲜的食材。最妙的体验是你可以自己去拾柴，在传统灶上生火，自己做饭、做菜。

（3）14:00～14:30，认识小伙伴，参观百翠山庄。

（4）14:30～16:00，全家齐动员，扛着锄头体验秋收活动。孩子跟着爸爸妈妈，一起下田割稻子，场上打谷子、晒稻谷、鼓风车……这些都是城市里从不曾体验的新鲜事儿。

（5）16:00～17:00，挖红薯、刨芋艿、喂农场小动物，或者拿个鱼竿，安静地垂钓一下午。

（6）17:30～19:00，享用下午大家齐心合力制出的新米饭。

（7）19:30～21:00，欢天喜地地参加丰收节篝火晚会。

2. 周日安排

（1）07:30～09:00，清晨睡到自然醒，一丝丝阳光从竹林、窗帘的缝隙偷跑到床头。伸个懒腰，用煮开的山泉水泡杯绿茶。

（2）07:30～09:00，在农夫厨房吃自助营养早餐。和孩子一起喝杯手打的豆浆，在林间小道徜徉，与大自然有个约会。

（3）09:00～10:30，全家人齐动手，扎个可爱的稻草人。

（4）11:00，结束愉快的假日农夫生活，退房返回都市。

（四）管家式服务，一对一定制专属亲子活动

百翠山庄是一个非常适合亲子度假的地方。在这里，一切的娱乐活动都是与大自然相融合的，如古道徒步、灌香肠、打年糕、做黏土、品茶、放烟花、开篝火晚会、骑山地自行车、钓鱼、参观园林、采摘杨梅（或者其他蔬菜、水果）、挖笋等。全部活动都可以供亲子家庭 DIY。百翠山庄提供管家式服务，一对一定制会员的专属亲子活动。亲子活动套餐主要包

括：采摘水果或蔬菜、钓龙虾、钓鱼、磨豆浆、做豆腐、学陶艺、涂鸦、学种植阳台蔬菜、踢草地足球等。

（五）有缘，拎点山货回家

在百翠山庄，还可以将自己在农场的收获亲手制作成独特的礼品，以馈赠亲友、分享收获的喜悦。一篮新鲜的水果和蔬菜，一瓶自酿的米酒……精心的包装显示出别致的品位，礼到自然成。所有的礼品都可以 DIY。

案例 4　300 亩的小农庄为什么能实现年收入上千万元？

一个不足 300 亩的小农庄，实现年收入上千万元。这个案例被国内多个专业机构和学者分享与传播，引起很多休闲农业同行的关注与模仿，从专业角度来看确实具有研究价值和关注意义。

（一）八年前的青天寨

青天寨主人姓周，大家都习惯叫他阿云。阿云之前只是一个普通的医药代理商，8 年前偶然进入农庄行业。一方面是因为看到长沙最早的桃花村"农家乐"和真人桥的"农家乐"生意好，以为做农庄赚钱很简单；另一方面是因为他一直有一个情怀，想拥有一块田地，前半生用其来赚钱，后半生用其来养老休闲。

2008 年，阿云利用闲置老屋创办青天寨农庄，开始的时候也是模仿周边的"农家乐"，打牌、钓鱼、吃饭这样设置的。但是阿云忽视了一个其他"农家乐"的优势：别人用工基本靠家人，几乎可以忽略人工成本。而阿云不是长沙本地人，青天寨没有这个条件，凡事都要请人运作。于是他在人力成本的问题上就陷入一个被动的怪圈：无钱请人→生意差→更加请不起人，如此循环往复。

起初他以为最大的利润来源是鱼塘。但是青天寨的鱼塘太小，鱼苗也长得慢，阿云又不愿意用"洗澡鱼"糊弄游客，而完全靠农庄自己养的鱼又满足不了客人的需要，靠鱼塘盈利在青天寨成为不可能的事情。后来，他以为烧烤赚钱，于是又做起了烧烤项目，结果发现其实赚不到多少钱，也是个鸡肋项目。此外，餐饮的利润很不稳定。周末有客人，桌子不够用；周一到周五没有客人，工人工资还得付。再次陷入怪圈和死循环。

几个项目的利润都微乎其微，赚的钱支付用工成本都不够。阿云在这条路上一开始走得艰难又困苦！

（二）青天寨农庄曾面临生意难做、何去何从的艰难困境

其实阿云面对的不仅仅是一个用工成本的问题，更大的问题是："农家乐"千篇一律的营运模式早已被消费者所厌倦，正在走下坡路。当时的阿云已经在基础设施上投入了 100 多万元，成本和利润成为摆在青天寨和阿云前面的最大困局。

（三）与其局限于模仿，不如行万里路去拓宽视野

解决问题的关键在于学会找方法、找对策！阿云意识到一味模仿别人而没有自己的特色，结果就是没有市场竞争力。因此，阿云开始了艰难的转型三部曲：一是外出学习考察，向专家请教，向先进的同行学习，借鉴其成功经验；二是对青天寨的资源进行 SWOT 分析，确定青天寨可以利用的优势资源；三是走在同行的前面，率先利用好互联网这个营销工具。

他以顾客的身份去拜访周边所有生意好的"农家乐"，观察优秀同行的经营活动，去体会别人的优势所在。阿云从湖南省长沙市起步，几年间走遍四川、上海、广东、浙江、北京等 20 多个省市，2015 年还远赴澳大利亚、新西兰进行学习研究。

（四）教训与实践经验证明：农庄必须规划

阿云说：之前自己创建青天寨农庄时既没有规划也没有设计，就自己凭着感觉去做，所有农庄主犯过的错误他也都犯过。一没有充足资金，二没有认识，三没有专业资源，四没有规划设计，只是盲目跟风，这对于做农庄是非常可怕的事情。现在阿云想起来还后怕当初的莽撞。

后来，阿云订阅了很多杂志，关注休闲农业发展新方向、新模式、新理论，关注有关教学平台，邀请休闲农业专家团队针对青天寨休闲农庄提

质升级制定了规划并设计了改造方案，对农庄进行重新定位。

通过专业团队的点拨，阿云深有体会：从表面上看，农庄可以什么业务都做，如商务接待、家庭休闲、企业活动、餐饮、水果采摘、亲子游戏等，但要获得顾客认同，必须做到有主题、有目标市场、有特色，才可以吸引客人，才可以做到农庄服务专业化。只有专业化才可以做到精细化、品牌化，只有精细化才会有利润产生，只有品牌化才可以有发展方向。之前遇到的死循环症结迎刃而解。

（五）改造转型后的青天寨，一二三产业融合发展，挖掘出了附加值

阿云算了一笔账：农庄一年只有 200 天的时间可以正常经营，因此需要在 200 天的时间内至少赚到能支付 365 天成本开支的钱。如果利润来源很单一，是赚不到钱的，破解难题只有跨界创新。

按照"企业团队＋旅游＋农家乐"的模式，青天寨专注于为中小企业团队的活动提供服务，用专业化的服务来带动青天寨的种植业和加工业协同发展，把种植业和加工业变成休闲旅游的配套项目，实现了真正的一二三产业融合发展。综合叠加效应显现出来，既不用担心游客在乡村旅游中菜品的新鲜问题，也不用担心地里种植的农产品的销售问题，农产品的利润得到了最大程度的挖掘。

青天寨的农庄主题被确定之后，接下来是对产业布局的不断延伸和完善：水果品种从葡萄发展到草莓、红枣、黄桃、西瓜、香瓜等，此外还引入了水果红薯、水果玉米、莲蓬等多种果蔬，每年 5 万多的客流量保障了农产品的销售；林下养殖土鸡、林下种植蘑菇等成为新的利润来源点。协同效应很快就显现出来，青天寨的农产品年销售额超过 300 万元，完全不用离开农庄销售。青天寨打造的柴火香干成为望城旅游的知名特产，接连开发的新包装扣肉、农家干菜等都成为当红产品。其中，柴火香干成为青天寨的拳头农产品，仅这一种产品在青天寨农庄内销售，一年就可实现50 多万元销售额。青天寨柴火香干已成为青天寨的品牌传播使者。

（六）开阔思路，摸索团队拓展项目拳头产品，创优质口碑

确定青天寨的主题之后，青天寨沿着主题越做越顺手，围绕客户的体

验下功夫，在长沙率先引进了真人 CS、树上探险、登山寻宝、蘑菇采摘、龙虾垂钓、定向越野、轻拓展游戏、攻防箭、撕名牌等多个娱乐项目，丰富了游客一天的体验。游客体验感好了，口碑自然就好了，回头客自然也就多了，实现了良性循环。

青天寨的轻拓展项目非常受企业客户的喜欢，每年接待超过 3 000 个以上企业团队，其中包含中联重科、三一重工、远大集团、湖南大学、华夏银行等团体客户，成为实实在在做出来的品牌农庄。

（七）充分利用当地资源优势，创新农旅发展模式

在青天寨农庄里有一个小山头。2016 年，青天寨在长沙率先引入树上探险项目，非常受客户喜欢，树下还可以开展丛林镭战、蘑菇采摘、土鸡养殖等。青天寨的山林资源得到了充分的利用，更是实现了青天寨林地立体模式的创新发展，成为长沙森林旅游的典范企业。农庄的龙虾垂钓项目也成为孩子和青年游客在夏天的最爱。

（八）平台打造，合作发展，带动当地农民共同富裕

青天寨自有 100 多亩的蔬菜种植基地，这成为青天寨农庄的主要农产品生产基地，但产品产量远远不够满足客户需求，因此青天寨和周围 40 多户农民签订了种植合作协议，帮助农民发展，每年收购周围农民生产的蔬菜、土鸡、土鸡蛋、猪等超过 100 万元，实现了休闲农庄示范、引领、带动农民发展的目标。青天寨农庄在 2016 年就开设了无人售货超市，专门售卖青天寨的农产品，这种农产品共享模式成为青天寨的一个亮点。

（九）抓住农业科普教育商机，做大亲子游市场

当前，农业科普教育亲子的活动十分受孩子们的喜欢。但青天寨只做 5～12 岁的班级顾客，只做青天寨擅长的休闲游乐体验项目，因此顾客的满意度非常高，客户再推荐给别的客户，青天寨的客户资源因此越做越大。青天寨力争做到及时把握市场需求。例如，农庄推出的多肉种植就成为很多孩子的喜好，多肉馆这个项目也是青天寨率先在长沙农庄中推出的。

（十）团队拓展每个企业都需要，抢占商机就是为企业配套服务

每个企业都有组织员工开展团队拓展活动的需求。帮助客户解决其需求问题，市场自然就打开了。例如，青天寨针对企业的消防演练需求推出了专业的消防演练活动项目，长沙市的华夏银行等多家单位都因此成为了青天寨的合作伙伴。

青天寨发展中最重要的一步就是网络营销的成功应用。自 2009 年起，阿云花费大量的时间去学习网络营销，掌握了互联网的营销手段。青天寨坚持只使用电子宣传资料，9 年没有印刷一张纸质宣传资料，既节约成本，又发挥了青天寨的优势条件。尤其是在网络传播中，青天寨做到了用亮点让客户主动传播。

阿云说："我们青天寨有今天的发展，靠的是及时转型，靠的是与时俱进，靠的是于专业服务团队、专业院校的支持。好多的同行还在苦苦挣扎中，我们青天寨通过提质转型已经突围出来了，步入良性的发展轨道，成为其中的幸运儿。"

的确，青天寨创始人阿云算是过得很逍遥的，他多年游玩体验的农庄累计超过 200 多家，一年有超过 60 天的时间在外学习和考察。如果没有及时转型，不会有青天寨今天的发展。阿云希望他的事例能够帮助更多的农庄投资者走出困境。

案例 5　有的休闲农庄庄主叹气：好山好水不挣钱！
有的休闲农庄庄主乐呵：荒山变乐园！

有的休闲农庄庄主还在叹气好山好水不赚钱的时候，却有人把贫瘠的荒山变成了乐园！任何行业都有挣钱、有亏本的，区别在于什么人去做，用什么方法做。

这里曾经是荒山，在很多人眼里是毫无价值的，但是有人在这座荒山中打造了一个童话世界——瑞安小王子主题农庄，让自然与人工、让东方的农耕与西方的童话故事筑成多重产业链。与我们平日见过的大多数"乡土特色"农庄不同，这里给人的第一感觉是梦幻、纯真，在大风车下吃农

家菜，在童话广场上赏樱观枫，在菜子园里采摘蜜橘……蓝白色调的风车、粉红色的巧克力屋，配上蓝天白云、缤纷花朵，令人仿佛置身于一个童话王国。

瑞安小王子主题农庄坐落于浙江省瑞安市湖岭镇，距瑞安市区 31 千米，距温州市区 38 千米。它是一座以农业生产为基础、以田园休闲体验与户外拓展运动为特色、以童话为主题、以农业文化创意为核心竞争力的现代化休闲观光农庄。

（一）当创意邂逅农业，迸发出怎样的火花?

农业不再是过去粗放、低价的形象，创意、时尚、休闲、生态成为新时代农业的标签。在大自然的泥土中构筑多重产业链，通过特色农业开发、农业景观设计、农业休闲旅游等，将一二三产业融合，迸发出优美环境与良好经济效益的双重火花。

（二）接受新理念，杜绝模仿走出自己的特色

农庄内随处可见匠心独运的创意设计："熊王子"主题 LOGO，创意涂鸦的童话石头，打造成"HELLO KITTY"造型的水池以及路上的樱花、熊掌地标，与"童话"的主题相呼应。通过这些创意，以农业为基础，通过闲置土地的利用走出一条休闲农业的新路。该农庄里除农家菜、亲子游、空气清新等农业休闲游的标配外，几幢地中海风格的建筑与周围的农田菜地居然挺搭的，就连路上的那些卡通涂鸦石头也是专门邀请绘画爱好者创作的，每一块石头涂鸦都蕴含了特定的意义和故事。

（三）东西方元素的完美结合成就天真童趣王国

小王子主题农庄的童话城堡总占地面积约 2 000 米^2，整体设计加入了孩子的想象，城堡里的每一个造型都来自孩子们的设计与创意，是通过对征集到的儿童涂鸦作品进行放大制作而成的，个个充满创意灵感和童趣幻想，造型奇妙，色彩缤纷，连动植物图案都是以儿童的手法来描绘的。

1. 收藏屋

收藏屋内有连环画、邮票、毛主席像章、红宝书、年历卡、宣传画、

明信片、铅笔刀等"童年回忆"中的物品。收藏屋举办过抗战题材连环画专题展览等，其展出的收藏品颇具年代感，可以帮助游客回忆美好的童年时光。

2. 百果园、果树园地、菜子园、太妃花园

农庄里有数十种果树、数百种花卉，一年四季瓜果飘香、鲜花满园，游客不仅可以观赏到鲜花绿草的生机盎然，还可以品尝到绿色、生态、新鲜的有机蔬菜和瓜果。果树园地专门开辟了迷你版的动物乐园供孩子观赏玩耍。

（四）围绕休闲农业亲子市场做到极致

小王子主题农庄把目标消费群瞄准了儿童市场。滑草、攀岩、探索乐园、淘气堡等，一系列的儿童游玩设施穿插在农业景观之间。亲子乡村游一直以来在城市人群中拥有很大的消费需求。虽然很多乡村游、"农家乐"都以亲子家庭为主要客户群，但大多立足本土特色，儿童游乐设施极少。小王子主题农庄的思路则是差异化经营，专攻儿童市场，做精、做全。

以小王子主题农庄某个项目为例。活动是这样安排的：

1. 活动时间

××××年××月××日。

2. 活动主题

"绿叶叶，红蔓蔓，地下有窝金蛋蛋。"你能猜出"金蛋蛋"是什么吗？哈哈，是马铃薯。你见过马铃薯从地里拔出来时的样子吗？你想亲手挖出马铃薯并带回家做出美味佳肴来吗？小王子主题农庄的马铃薯已经成熟啦！本周末至五一期间来农庄游玩的游客可以真真切切地来体验一把挖马铃薯的乐趣哦！

3. 行程安排

（1）07:45～08:00，在指定地点集合，8:00准时出发，开车奔赴小王子主题农庄，开始一天童话之旅。

（2）08:00～09:00，大概车程40分钟左右，抵达小王子主题农庄大门口。优惠活动一：儿童免票进园，免票对象为小学生、幼儿园小朋友。

优惠活动二：扫一扫，送礼物。现场扫一扫二维码，关注"小王子主题农庄"设计师的公众微信号"××大叔"，前 500 名可获得小朋友喜爱的趣味礼物一份。

（3）09：00～11：00，登山。约 20 分钟到达山顶。站在山顶呼吸新鲜的空气，看看蓝天白云，欣赏山下色彩斑斓的木屋和鲜花，还可以参加攀岩、愤怒的小鸟等活动。

（4）11：30～12：30，在"农家乐"吃午餐，品尝正宗农家小菜。

（5）13：00～14：00，涂鸦乐园。可以学习制作属于自己的涂鸦作品。

（6）14：00～16：00，真人 CS。可以参加解救人质战、夺旗战、抓捕间谍战等。

（7）16：00～17：00，结束一天的行程，返回温馨的家。

城市中的人们期望走入农村去拥抱自然，农村观光游变得越来越普遍。小王子主题农庄围绕"农"做足了"游"的文章，开启了全新的多层产业链模式。让创意与农业发生碰撞，所产生的奇妙的愉悦感与美感成为吸引游客的核心特色，准确切入了家庭亲子游的市场。虽然郊野乡村的生态环境是吸引游客的一个重要条件，但现在很多家长都是潮爸潮妈，更渴望在农业旅游中体验新奇、刺激、时尚等现代休闲娱乐元素。

（五）看似毫无价值规的荒山，化腐朽为神奇

在别人眼里毫无价值的蒂山，却成了小王子主题农庄打造童话王国的关键。化腐朽为神奇，利用地形特点，深挖市场需求，打造差异化的农庄，其成功的关键就在于——创意。

小王子主题农庄的日均营业额为 10 余万元，在周末等高峰时期则可达 30 万元。相比传统农业的弱质低效，休闲农业可以创造出较高的产值和收益。

瑞安小王子主题农庄的成功之处就在于确定了明确的主题和主流消费人群，针对这类消费人群的需求实现差异化经营。同时，因地制宜，利用特殊的地形条件创造游玩项目，不断创新。根据目标消费者的需求来打造休闲农业项目，这样的休闲农业当然更受欢迎。

案例 6　飘峰山庄转型升级成功之路

飘峰山庄位于湖南省长沙县开慧镇，地处长沙、平江、汨罗三县交界处，东临京港澳高速公路，西接 107 国道，交通便捷。飘峰山庄依托当地的红色文化资源优势及优美的生态条件，当人们前来杨开慧故居参观时，为人们提供了一个可以吃饭、住宿、休闲、度假、举办商务会议的生态休闲场所。

（一）红火一时到一度冷清

飘峰山庄，是彭希乐于 2005 年所建，当时正赶上了长沙市休闲农业初期的蓬勃发展。早期的休闲农庄，只要生态条件好、设施齐全，有一两个拿得出手的农家菜，随便经营都能赚得盆满钵满。可是，经过 10 年爆发式发展，到了 2015 年，农庄的生意一天比一天变得清淡，到彭希乐的女儿彭峥嵘接手时已是举步维艰。

（二）拥有天时、地利和优质资源，为什么市场不买账？

出任飘峰山庄总经理的彭峥嵘在一开始也感觉很迷茫：明明山庄拥有天时、地利和优质资源，为何市场就是不给力？

经过学习与调查，她发现，休闲农庄在初期的发展中都是相互模仿复制，没有自己的特色，因而缺乏核心竞争力，同质化严重。大家都是打牌、钓鱼、吃土菜，这些成了每一个农庄的标配，飘峰山庄也难以从这些"老三样"中脱颖而出。随着社会的进步，人们的要求越来越高，这些已远远不能满足消费者的需求，人们的需求已经从温饱层面上升到精神层面，追求既赏心悦目又有文化内涵的休闲体验。

（三）特色打造，才有发展出路

彭峥嵘咨询了休闲农业方面的专家，专家对飘峰山庄的实际情况进行调查后提出："只有特色打造才是转型发展之路。要把农庄看成一个平台来做，实现一二三产业融合发展，才有出路。飘峰山庄有山有水有荷塘，还有红色文化资源，生态与农业生产条件优越，只有依托资源与农业生产条件来设计丰富多彩的休闲体验活动，才会有自己的特色。有了特色，还要通过举办节庆活动来聚集人气，以促进山庄转型升级的发展。"

根据专家的建议，彭峥嵘抓住机会，在荷花盛开的季节成功地举办了长沙县首届荷花旅游节，为大力推进长沙县全域旅游和休闲农业的发展做出了突出贡献。她还以荷花为题材，创意设计了看荷花（观景台赏莲）、玩荷花（采莲、捉鱼等）、吃荷花（荷花美食、荷花宴等）、卖荷花产品、观赏荷花文化表演节目等一系列丰富多彩的节庆休闲娱乐活动，为飘峰山庄做出了特色，做出了第一个亮点。

（四）砥砺奋进，注入文化内涵

彭峥嵘本身是会计专业出身，具有经济头脑和敏锐眼光，加上多年积累的丰富管理经验，一经点拨，茅塞顿开，很快地进入全新的角色。

有了做成功的第一个亮点，树立了信心，也容易进入状态、打开思路了。彭峥嵘接着设计亲子教育项目。将休闲农业与自然教育有机融合，开设了飘峰一所自然学校。该学校占地100亩，分为一室一园五区，专为5～17岁青少年提供与国际自然教育接轨的专业自然教育研学服务，希望用感恩、敬畏、好奇、探索、保护、分享的理念培养孩子与自然和谐相处，教育孩子学会爱护自然，从而发自内心地爱护地球、保护环境。飘峰一所自然学校让孩子在动植物的生长过程中感受生命的力量、生命的奇妙、生命的多彩，从而获得个体生命最为宝贵的最初的感动体验。通过自然教育研学品牌和课程的输出，实现品牌增值与盈利。学校未来将通过以飘峰山庄的自然教育基地为依托，在长沙市区开设连锁亲子主题餐厅，建立城市体验店与研学基地的深度链接，实现产业升级与盈利。

（五）不忘初心，与乡亲和谐共建

飘峰山庄总面积560余亩，其中荷塘100亩、水库160亩、自然教育基地100亩、生态蔬菜和水果基地120亩、禽畜养殖基地80余亩。如何让这些资源发挥更大的价值？如何带动当地百姓增收？这是彭峥嵘每天深思的问题，也是困扰她的难题。为此，她采用"公益＋效益"双益同增发展模式，以自然教育平台为载体，以课程研发、产品延伸、品牌输出为手段，沟通教育、文化、旅游和农产品市场，打造集生态教育、文化传承、研学旅行和户外体验于一体的青少年研学旅行目的地。这样的创新点在于：借势公益，以人气、口碑导流；提升效益，凭借文化、品牌创收。其目的是实现公益支撑效益、效益反哺公益，通过农业这个根基，围绕开发农业资源潜力、调整农业结构和改善农业环境做文章，让飘峰山庄可持续发展，带领当地村民共同致富。

在课程设置与解说方面，飘峰山庄培养当地村民成为自然讲师，将农耕文化与农业技术相结合形成自然教育课程。当地村民拿起锄头是好把式，放下锄头又是孩子们最亲切、最接地气的自然讲师。而当地村民和山庄员工的子女则可在闲暇时间来山庄担任志愿者，管理公益书屋，和城市孩子分享田间地头的快乐，这在一定程度上解决了留守儿童无人看管教育的问题。同时，这还可以培养农村孩子从小对家乡的认同感，让他们感受家乡的变化，使他们对未来有明确的规划，愿意留在家乡创业或工作，未来的乡村发展就能后继有人。

（六）两年蜕变终化蝶，成就行业美丽传奇

通过合理规划、精心打造，飘峰山庄成功转型升级。山庄拥有舒适洁净、设计贴心的客房 30 余套，房型包括商务标准间、甜蜜双人套间、温馨母子套间、欢乐棋牌套间等；餐饮区用餐环境清新雅致，可同时容纳300 余餐位，地道土菜用材讲究、原汁原味；山庄的休闲娱乐项目设有垂钓、羽毛球、乒乓球、棋牌、KTV、龙泉溪流（可容纳 200 余人摸鱼抓虾）、团队拓展、爬山礼佛、飘峰一所自然学校等，飘峰山庄还被选为湖南省垂钓运动协会省级垂钓比赛和钓鱼活动基地。

飘峰山庄由 2012 年接待游客不足万人发展到现在的年接待游客 7 万余人，2016 年营业收入超过 1 000 万元，安排当地村民就业 51 人，年带动农民增收 500 余万元。飘峰山庄先后获得"国家五星级休闲农庄""中国乡村旅游金牌农家乐""湖南省五星级乡村旅游点""湖南省五星级休闲农庄""湖南省环境教育基地""湖南省垂钓运动协会活动基地""长沙市巾帼现代农业示范基地"等荣誉称号。

2017年在湖南省农村创业创新项目创意大赛中，彭峥嵘携"飘峰一所自然学校"项目参赛并荣获三等奖。飘峰山庄成为湖南省首批被授予省级环境教育基地称号的企业，山庄获奖公益课堂已走进了长沙市近30所中小学，为3 000多名中小学生提供了免费的自然科普教育。

案例7 乡村规划怎样做才是理想的？ 庙前村的规划思路就是围绕产业做文旅

乡村规划如何做才是最理想的？目前普遍的做法是：给村庄的房子进行穿衣戴帽，把村落装扮得整齐统一，或是按照城里公园的做法进行园林景观设计。其实乡村规划应以农业产业发展为核心，让老百姓增收才是主要的。

江西省宜春市袁州区金瑞镇是一个物产丰富、充满潜力的经济重镇。境内有黄金、大理石、方解石、铜、煤炭、石灰石等丰富的矿产资源，还生产富硒油茶、蜜本南瓜、苎麻、辣椒、西瓜、甜瓜、生姜、百合、红薯等多种农产品。

（一）庙前村现状

金瑞镇庙前村地处江西省宜春市袁州区芦塘寨山下，位于江西省省道杨福公路边，距宜春市区32千米，交通便利，自然资源丰富，农业生产条件较好，生态环境优美。

（二）项目优势

1. 丰富的历史文化优势

芦塘寨有很多吸引人的古代传说，当地很多地名源于这些传说，且沿用至今。

2. 村容村貌的优势

庙前村寨下组的农户居所大多后有山、前有田、院中有古树，村庄整体具备良好的自然条件。

3. 周边氛围优势

在吼里垴等村组，近年来形成成片的果园、苗木基地等农旅融合产业项目，休闲农业已经比较成熟。

4. 政府高度重视

2019 年初，金瑞镇决定以"芦塘寨"为品牌发展农业文化旅游。

5. 设计理念

以金瑞镇产业发展为中心进行农文旅规划设计，按照一二三产业融合发展的理念，依托"富硒"概念，结合村庄改造项目，以打造金瑞"康养圣地"为目标发展民宿，带动村民增收致富。

（三）经营理念

按照"村民委员会＋合作社＋农户"模式，村民委员会以政府项目资金为股本入股合作社，农户以房屋或土地入股合作社。合作社负责生产和经营，村民委员会负责监督和管理，农户以多种形式参与合作社的生产、经营活动。

（四）规划思路

一方面，芦塘寨有历史可读、有故事可讲，其中许多传说给人留下深刻的记忆。此外，庙前村还有便利的区位优势、良好的生态休系，如果用心打造休闲农业项目，很容易出效果。

另一方面，宜春市以富硒温泉闻名，"富硒水"撑起宜春旅游的半壁江山，宜春的"水"资源对宜春的经济做出了重大贡献。但同样有着高价值的宜春"富硒土"，其潜力还远远没有得到挖掘。因此，规划思路初步定为：以产业发展为中心，以美丽乡村为载体，利用现有民宿，结合"富硒"主题概念，发展富硒功能食品，做强富硒农特产业。

（五）规划路径

很多人说，做农业不挣钱。究其原因，一是缺少科学技术，二是缺营销推广，三是没有促进一二三产业融合发展，四是如果算上播种、耕种、收获、运输等环节的人工成本和生产资料的费用，农业生产所剩利润微乎其微。实际上，是做传统农业不挣钱。因此庙前村要走休闲农业的新路。专家组对于庙前村的规划路径是：

1. 依托庙前村寨下组的集中民居区域

因为大多数民居都是依山而建的独立小院，规划思路主要是给不同小院加上不同元素，形成风格各异、特色鲜明的民宿。以城市消费者需求为导向，进行个性化打造，形成一户一特色、一户一故事、一户一文化的差异设计。对寨下组的定位不仅仅是观光景点，而是结合美丽乡村的改造，让满怀乡愁的城市游客在这里品味慢下来的乡村生活和宁静悠然的田园文化。通过富硒"功能食品"的产业布局，在相应区域规划针对不同群体的休闲农业项目。例如，房前屋后有菜地的，可以设计成适合老年人小住养生之地，并设计个性化亲子活动，如一家人小居于此栽种蔬菜瓜果，利用蔬菜瓜果开展亲子科普教育；房屋面积大的，设计成个性化团队拓展的场地；房屋有年代历史感的，设计成50后、60后的乡愁圆梦家园；院落环境好的，可以设计成充满文艺范的庭院，以吸引知识分子家庭、文艺青年或艺术家来此居住，怡情养性，寻找创作灵感，如写书、画画等。从而给民宿增加功能性的开发。

2. 利用后山肥沃的土地，发展富硒蔬菜瓜果产业

一是可以划分区域，包给来民宿度假休闲的客人自产自销；二是针对高端市场进行标准化定制生产，面向全国吸收会员，为其定制产品生产和配送服务。

3. 发展休闲农业，融合一二三产业，把"长寿硒文化"资源用好

打好"长寿硒"的品牌特色，搭好休闲农业产业发展的平台，依托庙前村的自然资源、产业发展、乡村文化，主要从以下几个方面采取措施：

（1）根据寨下组的千年传说，设计复原创新军事拓展项目，服务于团队拓展需求及户外探险的市场需求。

（2）整理设计好当地空置民居，规划成民宿。方案不需要高大上，功能齐全、环境整洁、吃住方便即可。利用"长寿硒"的美誉吸引各地游客，来了有地方吃，还得有地方住。让游客来这里小憩，有一个安放心灵的住处，给他们以踏实的安全感，使他们愿意把脚步停留在这儿，感受这个飘落人间的天堂。

（3）设计一些让游客参与的互动项目。例如，学习如何就地取材做出美食，从中可以品味生活的智慧；学习如何劳逸结合，感受宁静、淡泊的舒畅，帮助繁忙的都市人汲取生活的动力源泉。

（4）做好文化创意，引导游客健康消费。做好生产园区的文化创意，让游客吃得好还要玩得好，最常见的活动是农耕体验、亲子游戏、禅意养生等。例如，设计亲子游戏方面，可以从"长寿硒"蔬菜瓜果的种植着手，进行耕地、移苗、除草、施肥、收获的科普教育，设立大课堂；教孩子将瓜果、蔬菜做成 DIY 的花盆，让孩子带回家，远比卖瓜果的价值高许多。这些创意活动不但让孩子见证蔬菜瓜果的生长全过程，还让孩子收获了农业生物知识，得到了体能锻炼，有利于其良好品格的培养。对于这些活动，家长们是很乐意和孩子一起参与的。

（5）在设计过程中，围绕园区的产品，做好春播、夏种、秋收、冬藏的应季体验和课堂教学。同时，利用各种文化节做文章。游客不但能感受到节日游玩的愉悦，他们还需要吃、喝、住，返回时还要带点特产，从"硒之乡"带回家的农产品可是货真价实的富硒产品。

（6）把富硒农产品设计成纪念品，增加其价值。让来体验民宿的游客亲自参与插秧、培土、收割等体验活动；客人在园区餐厅消费时，由服务员当着众多客人的面用山泉水现场蒸或煮其采摘的农产品，这就是产品的纪念价值创新。消费者购买产品时，除了产品本身的使用价值外，更多的是购买一种感觉、文化、期望、面子、圈子、尊严、尊重、理解、地位等，因此旅游纪念品的价值更重要的是其中的象征意义。

力争通过寨下组民宿开发作为核心区域，带动一二三产业发展，从而带动融生态、生产、生活为一体的集体经济全面发展。做到以产业融合助力，通过寨下组民宿住宿、餐饮、亲子、教育和其他活动，以及富硒山珍、富硒草药、富硒干果、富硒蔬菜等的产品销售，这些活动所带来的附加值串起一条长长的产业链，实现一二三产业融合。游客来了才有看头、有玩头、有住头、有买头、有吃头、有说头、有疗头（疗养）、有行头（交通便捷）、有学头（游学）、有拜头（历史）、有享头（享受）、有回头（愿意再来）。园区生产的特色农产品在园区基地就会销售一空，节约了大量销售成本、运输成本，更带动了当地农业的发展和农民的增收。这种以寨下组民宿开发作为引领，实现一二三产业融合，进行多种创意、创新的营销方式，让农业成为一个有奔头的产业。

案例 8　清溪村发展乡村旅游的几点教训

清溪村位于湖南省益阳市高新区谢林港镇，著名作家周立波的故居就在此村。周立波创作的小说《暴风骤雨》《山乡巨变》让益阳人脸上有光，谢林港镇清溪村也因周立波而远近闻名。

2008 年 9 月，周立波故居对外开放，清溪村也先后被评为湖南省"新农村建设示范点""农业旅游示范点""省级生态旅游村""特色景观旅游名村""4A 旅游景区"等。但是清溪村在经历了开业初期的人潮涌动、争抢摊位之后，景区人流就出现下降，几年之后景区客流更是大幅度锐减。新鲜劲过去之后，清溪村的休闲农业项目却没能招来更多人。

（一）大量店铺关门，巷道里几乎空无一人

星期天，阳光灿烂，天空蔚蓝，正是周末出游的好天气。在周立波故居旁的集市街道里，大量商铺已经关门，巷道里也几乎空无一人。与刚开业时的人流如织、生意火爆相比，可谓冰火两重天。有的商户说："这还是周末，如果是周一到周五，几乎没有人。我平时就不开门，只有周末来开两天门，也卖不了多少钱，赔本生意。"清溪村旅游景区为何商铺纷纷关门，游客数量锐减？

（二）乡村旅游民俗少，体验只有吃吃吃

据相关人员介绍，清溪村作为美丽乡村建设项目，主要靠政府资金扶持投入，估计总投资不会少于 2 亿元，目的是依托周立波故居，打造一个集生态农业观光、民俗文化体验、农事活动体验及乡村精品休闲度假于一体的文化乡村旅游综合项目。在清溪村景区里，可以看到木水车、石碾盘、织布机……偶尔可见一些摆放的"老物件"，但数量稀少，被淹没在浓郁的现代商业氛围中。显然，目前清溪村所谓的传统民俗文化体验只是流于表面的道具仿品展示。

漫步在清溪村景区，看到最多的是各种餐馆。除了益阳本地土菜馆外，还有擂茶店、烧烤店等。游客在此吃顿饭就走，缺乏互动和参与。据一位当地朋友介绍，这里是硬撑着在经营，如果不及时调整和转型，完全有可能出现关门的局面。他分析，游客稀少的原因主要是休闲农庄和乡村旅游点增多，大家几乎都是复制，而且只是复制了餐饮。各种餐馆格局都差不多，容易让人产生审美疲劳。而消费者以本地游客为主，虽然有外地旅游团但数量很少。此外，项目前期缺乏足够的经营策划，中期缺乏更新升级和市场调研。

（三）乡村旅游，一味模仿大同小异

现实中的清溪村旅游景区似乎只有吃吃吃了，而这并非建设者的本意。近几年，在清溪村旅游景区的发展中，当地政府也想了一些办法。例如，在周立波故居前种植了 300 亩荷花。据村干部介绍，这个荷塘的布局、风格、品种还是从成都"五朵金花"那学来的，目的是打造荷塘月色的美景。但由于只有赏荷花、摘莲蓬，也只红火了一两年就少有人来了。

清溪村旅游景区没有大企业参与，主要靠政府投入、农民经营。老百姓只会做自己熟悉的生意，就是"卖吃的"。进入餐厅，每个包厢里除了餐桌外，还放着一台麻将机，一看就是以接待当地人为主的。

"周立波故居的房屋始建于清乾隆五十三年（1788），文化底蕴厚重，我们不想将周立波的乡土文化镶在框里、挂在墙上，而是想让人们不仅看得见，还摸得着、感受得到。"谢林港镇的一位干部这样对我说。

然而，理想很丰满，现实很骨感。清溪村景区不可避免地为了竞争当地客源，急功近利地消费着"周立波"这个资源。景区投入上亿元，主要是用于基础设施建设，如村民的房屋、服装、摆设等，真正的乡村民俗文化配套并不齐全，其结果也只能成了小吃大杂烩。

近年来很多新建、改建的"古镇、民俗村、文化村"之类乡村旅游项目，一味模仿，大同小异，正所谓"吃别人嚼过的馍，没味道"。一些乡村旅游项目因需要而拆除了真正的民居"破房"，建设了崭新的仿古建筑。一拆一建，失去的不仅是有形的建筑，还失去了和建筑融合在一起的"烟

火气"。难怪这些"道具"一般的项目，开业时火了一下，最终还是无人问津。

（四）看乡愁品乡土，如何让游客留下来？

那么，类似清溪村这样的乡村旅游景区怎样才能吸引游客"常来常往"？

我们认为，乡村旅游景区应该更注重体验式、互动式的深度旅游，再现历史上传统的生活场景，努力营造过去的生活方式，让游客感受到乡愁的回归。

清溪村的情况很典型。本来是想迎合城市居民缓解疲倦、寻找乡愁、感悟"周立波"文化、周末出去走一走的需求。但清溪村乡村旅游景区没有认真定位就快速上马，造成业态单一、招商难以为继、持续吸引力不足，结果成了民俗餐饮街，缺乏生命力。

城里人到农村是去寻找乡愁，不是仅仅下车、吃饭、拍照。部分乡村旅游景区和民俗村等没有把握住游客的需求，没有抓住城里人看乡愁、品味乡土气息的出发点。表面看确实摆放了不少农耕器具，也似乎古色古香，但这并不能把人留下来。而乡村旅游首先就是要让游客留下来、住下来。

案例 9　李白烈士故居的农庄何去何从？

板溪湖休闲农庄位于湖南省浏阳市张坊镇白石村，李白烈士故居与农庄就隔着一个水塘。李白烈士是电影《永不消失的电波》男主角的原型，他的事迹通过电影而广为人知。每年都有不少游客和团体来李白烈士故居参观，这里也是国家安全教育基地。

板溪湖休闲农庄庄主王总很看好未来浏阳市大围山的整体布局：一是看中当地的红色资源，二是想依托大围山景区作为配套项目。但目前情况很难达到庄主的预期，其中的问题是因为他只是看到表面，还没有深层次去理解休闲农庄的深度融合。

（一）没有事先规划的农庄，总会留下很多难以弥补的遗憾

该农庄依山谷口而建，是一个有山、有水、有点田，地形、地貌非常好的区域。基本风格与现代接轨，可惜离乡趣较远。客房设施也比较简陋，休闲农庄虽说应注重"农"，但不代表省去便捷，它提供的是比城市更为健康、起居更简单方便的亲近大自然的生活。如果在起居上不方便，缺少特色，客人会很不情愿留下来，就算这次留下了，也很难有下次，更谈不上向同事朋友推荐。

王总坦言："客人来了感觉空气也还好，气候也很好，但就是留不住人，因为感觉没有玩的。我当时定位的时候，我的想法还比较简单，主要是为客人提供吃住。客流主要是来自长沙。但是这里经常靠天吃饭，一旦下雨，定好的客人又不来了。这里就是没什么特别吸引人的。想增加娱乐设施，但又少资金，目前我想通过烤兔子这个项目来作为引爆点。"

王总对休闲农业的理解存在一个误区。国家大力推广休闲农业发展，是先农后旅，农业通过旅游来带动，旅游通过农业来丰富。休闲农业的基础是农业，目的是休闲，本质是体验，旅游为"辅"！他正好搞反了。

（二）因为少了整体景观设计，有浪费更有缺陷

农庄整个院落依山而建，前门庭有水，背靠山，侧面都是气势雄伟的山峰。在前门的入口处建了一个小小的假山，假山在真山映衬下显得何其渺小、多余和浪费。本来农庄位于峡谷中，平地就少，这座假山占据了院中唯一的平地。浪费了钱也浪费了有限的平地面积。

（三）过多地依赖旅游，轻产业

在交谈中，王总较多地谈到吃饭、打牌、红色旅游等经营项目，很少谈及如何发展农业产业。试想：旅游本是个季节性很强的行业，一个以农业生产为主的地方，拿什么来支撑没有游客的旅游淡季？当然会出现王总所说的情况：节假日旅游高峰时期，客房不够；平常时节，有时一间房也开不出去，庄园处于半歇业状态。

针对以上的情况，我们的建议是：整个思路要以"水"字为着重点，

以水文化组合红色文化为方向。

1. 用好资源，发展产业

板溪湖休闲农庄最大的优势，是附近有 500 亩的水库；其次，农庄内还有一个有小溪的山谷。这么大的水面在大围山是独一无二的，也是农庄独有的产业资源。建议农庄挖掘"水"的经济价值，把水中的东西变为现金，利用水库做足概念发展水产养殖产业。

2. 产业延伸，增加亲水活动

因为有这样的水面，农庄做足水产养殖业文章的同时，还应开辟水上游乐活动，将农庄休闲、体验活动与产业相配套，围绕水的主题做垂钓、捕鱼、水上亲子、水上体育休闲等丰富多彩的体验活动，这些都是立竿见影的盈利项目，也易于打造。

3. 长期规划要注重山谷，并结合小溪做文章

利用农庄特有的山、田、溪等资源，解决游客玩的问题，以留住客人。农庄在围绕水资源做产业与休闲的同时，还要在水里面挖掘一些有文化内涵的东西。

例如，对山谷中的小溪完善配套，设计一些儿童戏水的小景点、小设施，并在水中放养一些小生物等，这些都花不了多少钱。溪流整理好了，庄园有了水就活了。来大围山的人大多是来休闲观光的，如果在谷中增加一座亲子园，在水上可以植入许多的亲子项目，还可以增加一些吊床，谷中小树林中也可以增加一些树上探险、山中太极、山中有氧瑜伽等项目，在吃的方面可以增加王总说的烤山珍。这样就很容易吸引周边的游客留下来。这些都是花钱不多又聚人气、好玩又赚钱的项目。

4. 轻资产，以水为题，以谷为媒，发展山水养生度假

门前 500 亩水库堤岸尽是光秃秃的黄土，这样的环境很难让游客入眼。应尽快在水中种植一些水生植物如睡莲等，同时在水库四周岸边多栽些柳树。杨柳依依，绿树成荫，才能产生让游客喜爱的水上意境。

利用好空气打造负氧离子概念，以吸引游客；山边周围多种植一些银杏树，银杏是吉祥树，代表长寿健康；山上可栽些红豆杉树，红豆杉树散发的气味对人体是非常有帮助的，而且红豆杉树全身都是宝。还有美食方面，用湖里养殖的水产，加上一些中草药，农庄美食的养生与保

健品质就上来了。当然，王总谈到的烤兔子也是可行的，还可以有多个品种的烧烤食谱创新。这些成本都比较低，也不复杂。

5. 做好李白烈士故居配套项目

李白（1910—1949）是湖南浏阳人，电影《永不消逝的电波》中主角"李侠"的原型。

他在15岁时就加入了中国共产党，1930年秋参加红军，长征途中任电台台长、政委。1937年秋，他受上海地下党组织领导，在上海设立秘密电台，随时同党中央联络。1948年12月29日，他在向党中央拍发国民党军队的绝密江防计划时，被特务机关测出电台位置而被捕。

其实，李白与夫人裘慧英真实的"潜伏"故事远比银屏上呈现的那些桥段更吸引人，爱情也更加凄美。只是，如今他们的许多秘密往事已不被人所知。因此，在山谷中可以设置一些重现电影小场景的体验，将英雄人物的生活进行复原或故事化体验，让孩子们在有声有色的场景中去理解红色故事。这些都是可以通过休闲农业来传播和体现的，这样的场景体验活动，也可吸引来故居参观的党建团队。

案例10 乡村旅游成功密码，一个节庆
活动就改变一个村庄

在我国发展休闲农业与全域旅游的过程中，很多乡村旅游建设存在着"重建设、轻运营，重硬件、轻文化，重传统、轻创意"的问题。这种乡村旅游发展模式的主要问题是只有公益、没有效益，不能持续发展。

湖南省津市市毛里湖镇青苗村，地处"鱼米之乡"的洞庭湖平原，是一个普通的以农业生产为主的小村庄，当地物产主要是稻米、家禽、家畜、水产品，此外还有黑芝麻、绿豆、黄豆、手工艺产品等。平日这里的农副土特产品都是靠农民自产自销，或通过"贩子"走向各地。虽然青苗村的黑芝麻在外面名气很大、售价不菲，但当地农户出售给中间商的价格并不高。

青苗村的党支部书记傅连喜是一个非常有头脑的乡村带头人，真正想为老百姓做点实事。2015年冬天，村干部一直在为村民囤积的农副产品

找不着销路而发愁。有的说村里应该搞个集市；有的说我们这里兴斗牛，斗牛那天，让老百姓去摆摊。大家你一言我一语，凑出个办"腊八节"的主意来。傅连喜也觉得这个主意好，就定下来办"青苗腊八节"，办一个以玩为主题的节日。他们开始紧锣密鼓地筹备，准备了三大游乐活动：斗牛、请戏班子唱当地戏、特色农事体验活动。那些天，最让傅连喜不安的是天总是不晴，他担心到时候下雨会影响活动的效果。他们设计的农事体验活动可是节目的重点项目，例如舂米、磨豆腐等，来参加节会的人都可以体验一番；当然还有斗牛，冬闲的时候，即使没有节日，村民们也会自发地组织斗牛比赛。如果腊八节那天下雨，满地湿泥，肯定会影响节会活动效果。好在腊八节开始时，天也晴了。首个腊八节达到了预想的效果，家家户户囤积的农副产品都卖了出去，五天时间共实现销售收入400多万元。首个腊八节村里其实没怎么做宣传，却由于口口相传，节日期间天天人山人海，附近十里八乡的人都来了。第一届腊八节就这样过了，2016年村里接着办第二届腊八节，影响更大，效果更好。

为什么叫"青苗腊八节"？因为"腊八节"是个传统节日，喝腊八粥、斗牛是当地的传统风俗，一说办腊八节，人们就知道有斗牛看，这是个卖点。村干部不过是在传统节日的基础上将原先只有一天的节日延长到了五天，增加了集市和农事体验等内容。

在办"青苗腊八节"之前他们的想法是：要想提升老百姓的收益，最好的办法就是"从田间到餐桌"，绕过中间商，让消费者直接品尝到真正的青苗特色农副土特产品。而要实现这个目的，首先要做的就是让消费者来到青苗，和原产地建立强链接。当时的毛里湖镇青苗村，虽然风景还算不错，但是除了农业外并没有其他任何产业，而且距离津市市主城区约有一个小时车程。要想吸引城镇人员来到这里，就必须将当地独特的斗牛活动拿出来。这次尝试也让当地人深深体会到，结合农村景色和当地的人文特色，让文化在乡镇深耕、发光，是一个可能实现的梦想。

2016年村里又邀请专家对青苗村的乡村旅游进行规划指导。准备将"青苗腊八节"变成一个长期节日，每年还会有不同的新节目推出。

经过服务指导，根据青苗村的农业资源条件，今后准备发展传统农家的"四季节庆活动"，如油菜花节、荷花节、罩（捕）鱼节、龙虾节、新米节等，让游客可以一年多次来到青苗，欣赏青苗四季更迭的景色，体验不同季节的生活，甚至停留在青苗，细细发掘青苗的风土人情和人文。例如，可以举办青苗荷花节，邀请大家来到青苗村美丽的百亩荷塘，吃着荷花宴，感受荷塘月色，欣赏以荷塘为舞台表演的乡村节目，度过轻松的一天；或者举办各种煮饭及烹饪大赛，结合青苗妇女们的手艺和星级饭店主厨的创意，举办与众不同的特色"办桌"；还可以举办"青苗学堂"，以亲子活动为主，满足亲子家庭求真、求知、求趣的需求。

如今，青苗村通过乡村旅游节庆活动带动了产业的发展，不仅把自己的农副土特产品直接卖给城里人，实现了农产品的高溢价，更重要的是，青苗村还成为当地很火爆的一个休闲旅游目的地。

案例 11　一个村办休闲农业项目，年营业额 10 亿元！

陕西省礼泉县袁家村，距离西安市 78 千米，是一个偏僻的小山村，没有名胜古迹和独特山水资源。为了打造乡村旅游，袁家村村民委员会决定打造民风民俗一条街。

起初，由于位置偏远，根本没有人愿意前来做生意。于是，村民委员会所有成员分片包干，到周围的村镇寻找最地道的小吃品种，挖掘民间厨师，挑选本土原料。

最地道的民间厨师都召集到袁家村后，却面临一个巨大的现实：没人气，做出的东西卖不出去！于是袁家村村民委员会决定，这些民间厨师只管做，村里给发工资。厨师们做出来的东西，首先是在整个民俗街流通，整个街区的店家只能用当地生产的各种产品，多出的东西发给村民，再送给西安乃至陕西省相关部门和企业。最终，袁家村地道的特色小吃打响了知名度，吸引了源源不断的客流。如今，袁家村人流在平日里能达到万人，节假日达到数万人，在国庆、春节期间，每日客流量高达 20 万人。袁家村的客流已经超过了西安市内著名的小吃一条街——回民街。

袁家村仅餐饮业的日营业额已超过 200 万元，加上其他收入，年营业额超过 10 亿元。靠餐饮业能带动一个地方的乡村旅游吗？

答案是肯定的，尤其是在特别讲究吃的中国社会。别忘了，乡村旅游的初级形态——"农家乐"，就是以吃为核心发展起来的。在如今的城市，为了吃个特色，几个人驱车几十千米并不少见。可以说，吃，是市民愿意去乡村的原动力之一。

不少缺乏独特自然资源的乡村，凭借特色美食成为了人们追捧的乡村旅游胜地。例如，溧阳天目湖的砂锅大鱼头、盱眙小龙虾、郑州黄河大鲤鱼、北京怀柔虹鳟鱼等。

特色美食还可以和地方美景紧密结合。可以在农家吃，坐在土炕上，感受乡村的古朴；可以在户外吃，一边吃一边欣赏高山流水、小桥人家；还可以在特色餐厅吃，吃出不一样的体验。而今，乡村主题餐厅已成为乡村旅游的一大亮点。在北京顺义区的何各庄果园中，精致的西餐厅吸引不少人前去体验、尝鲜，人们可以一边吃饭一边欣赏挂在枝头的青苹果，特别是在春夏时节，吃过饭，人们还可以去果园里采摘，欣赏湖里盛开的荷花，听蛙声阵阵、蝉鸣点点。这里有滋补养肾的黑豆豆腐、清热祛火的绿豆豆腐，还引入日本的豆腐料理。在品尝豆腐的同时，游客还可以参观豆腐的制作流程，甚至参与某些制作环节的体验。

打造乡村旅游特色，吃，不仅是一条通道，还是一条捷径。相比景区建设的高投入，美食所需的投入更少，更具操作性。套用一句时髦的话：谁能抓住城里人的胃，谁就能抓住城里人的心。

案例12　知名电子商务从业者成功跨界休闲农业，成就海上"桃花源"

以石板材为主导产业之一的福建省福州市罗源县，为保护生态环境和福州市区第二水源敖江的水质，在近几年将涉及11个乡镇的275家石板材加工企业全面关停。罗源人是识大体的，先富起来的一批人响应政府号召，为子孙后代重建青山绿水，纷纷回乡发展休闲农业。甘总就是其中之一。罗源县西兰乡甘厝村的硒浦山生态农庄就是甘总这两年回乡建设的成果。

走进农庄，眼前是一派瓜果飘香的景象，生态餐厅里已经摆上了自产的水果。来之前，有人告诉我："你们到了甘总的基地，可以吃上美味的葡萄，那味道可不一般哦！"其实，对我们这些来自休闲农业较发达地区的人来说，什么样的特色品种、美味瓜果没品尝过呢？

"这是刚摘下来的，您尝尝！"甘总递给我一串小小的、貌不惊人的葡萄。"个儿怎么这么小？"我脱口而出，多年未见这种小粒葡萄了！我摘了一粒放在口里，一种久违的香甜味儿唤起我的儿时回忆，这就是小时候吃的味道，不但香甜而且脆，区别的是没有籽。

"走，我们到园区看看，我慢慢跟您介绍。"我随手再拿上一串葡萄，随甘总去往园区，边吃边听甘总讲述他的故事，他自嘲地调侃道："为了这个农庄，由豪车换成了这个破车。"

（一）机缘巧合，发现休闲农业生机盎然

甘总很早就去了广东省打拼，凭着吃苦耐劳、勤于思考，年纪轻轻就从小霸王公司制造电子产品的底层员工做到了电子商务从业者，三十立业，小有成就。

每年的招商活动由他组织，安排来自全国各地的经销商在五星级宾馆洽谈合作协议。为了节省业务开支，也为了让经销商们感受到不一样环境，营造一个业务洽谈的和谐氛围，甘总试着选择了一些"农家乐"，没想到效果非常好，业务上来了，费用降低了，每年可节约 10％ 的成本，这对于一个企业来说，是个什么样的概念呀！从此，甘总在心里便记下了对休闲农业的一份好感。后来，他思虑再三，举家由大城市广州迁回老家罗源，开创休闲农业事业，还子孙后代一个绿色家园。

（二）寻得一处桃花源，实现多年农庄梦

甘总是一个敢于开拓的学习型人才。他的创业作品曾获得福州市双创评比第一名。

他在项目选址上独具慧眼，将农庄建在这样的曲径通幽处、山水田园间，正是人们心中理想的栖息地，而且距离闹市区不远，交通也方便。

1. 我脑中竹林书院的画面

穿过罗源县城，不过 10 千米山路就到了硒浦山生态农庄，农庄入口两旁是连片茂密的竹林，苏东坡的"宁可食无肉，不可居无竹。无肉令人

瘦，无竹令人俗"的诗句不禁浮上脑海。古代名贤都爱竹，陶渊明所描绘的"世外桃源"也是"有良田美池桑竹之属"。这里如果开发成一个教育基地、书画院什么的，那是再适合不过！

2. 复行数百步，豁然开朗

竹林边上与道路交界处，是一块长条形的田地。如果在此种上桃树，将是十里桃花香；如果改成稻田，可以映衬书院门前屋后的田园风光。再往里走，是一池荷花，其情其景恰如《如梦令》里的"兴尽晚回舟，误入藕花深处"，无论是采莲还是荡舟，都令人遐想联翩。

3. 路的另一头，苍劲老树可营造妙趣横生的树屋

沿着荷塘往左走，两边的树林有些年岁了，不稀不密，其间几株苍劲的老树或成三角形、或成四角形生长相立。如果利用这些自然资源，可轻松搭建几个树屋，用于登高、望远、纳凉或者是趣味居住。

树下空旷处，稍作整理，配上花草，是练太极、林中漫步的绝佳地。当然，加个树上游乐设施"丛林吊桩"或是"轮胎摆渡"等开展一些树上拓展的项目，那又是另一番情趣了。步行在幽静的林间小道，感受着小树林里吹过的一阵阵山风，甚是惬意。

4. 移步一景，"柳暗花明又一村"

从树林走出来，又是一片开阔的稻田，一条小渠流水潺潺，旁边有几户人家，收拾得干干净净，呈现"小桥流水人家"的温馨画面。如果能在稻田上架设凌空生态步道，那又是多么有趣而有美丽的画卷呢！

这一切仿佛就是陶渊明笔下的"桃花源"。甘总难掩得意之情地对我说："这些我都流转过来了，民宿我也在谈。是啊，不是每一处乡村都可以改造为休闲农庄的。像这样的小桥、流水、田野、竹林、古村落，还有林间小道和林中古树等资源，在乡村也是很少见的！而且这里没受到污染！"

（三）魅力来自特色，成功源于细节，团结成就高度

成功源于耐心，细节决定成败。有些时候，阻止你前行的，往往不是道路上的千百块石头，而是你鞋里的一颗石子。

1. 注重细节

（1）硬件细节。硒浦山生态农庄在硬件建设方面非常注重细节。这种无微不至的人性化处理在别的农庄很难见到。即使是小小一个卫生间的布置也充满了人性化的小细节，手机架、挂物钩、老人起座扶手一应俱全，让老人、孩子、男性、女性如厕时都会感到方便。这样贴心的休闲农庄当然会令游客感到舒心、想要再来。

（2）软件细节。产品包装设计充满个性，产品宣传照片色彩明丽、充满吸引力，不管是熟食制品还是新鲜果蔬，都很注重色彩配比。从感官上做起——悦目；从味觉上入心——可口；从安全上承诺——认证。

2. 不贪大求全，精选农庄种植品种

甘总告诉我，之前吃到的香甜葡萄是从日本引进的品种。要么不做，要做就做最好的。

3. 抱团共谋休闲农业大业

甘总谈及他的总体思路说："我愿意帮助兄弟农场，我们做差异化，共同成就罗源休闲农业的未来，有序发展，避免恶性竞争。"

（四）罗源不可多得的农旅休闲地

硒浦山生态农庄的特色主要体现在以下几个方面：

1. 亨受生态

它以"私人定制"为特色，让城里人到此养鸡、种菜、打糍粑，当"临时农夫"。

2. 开设教育基地

让游客充分体验劳动的艰辛与收获的快乐。以往，罗源县的学生涉农教育，要开几个小时的山路才找到一个这样的基地，既不安全又耗费学生的宝贵时间。硒浦山生态农庄的建成，解决了当地很大一部分亲子游、学校团队游的实际问题。让孩子们融入山野，亲身体验甘薯、草莓如何种植和收获，学习和感受在城市里和书本上学不到的农耕文化。

3. 生态农产品品种多

农庄种植了 200 多亩新鲜生态农产品，其中包括奶油白葡萄、夏黑葡萄、小番茄、紫贝天葵、木耳菜等。游客一年四季都能在此享受到瓜果蔬

菜采摘的乐趣。

4. 吃在硒浦山庄

农庄有有机蔬菜产业，有野味畜禽产业，还种植有桑葚、红/黄芯猕猴桃、百香果、蓝莓、无籽黑提等十余种水果，可谓花果飘香。农庄还有垂钓、烧烤、CS 野战、户外素质拓展、产品 DIY 等活动项目，游客可以在此吃农家菜、品农家水果、享农家乐。

5. 创新平台做出成绩

农庄设立返乡青年＋大学生创业中心，为返乡青年与大学生提供创业平台，给农场注入新生力量，打造"体验配送中心、农业物联网、社区电商服务、农业休闲体验"四个平台，探索农业可持续发展的乡村生态农业新途径。

6. 农庄经营

硒浦山生态农庄坚持以农耕文化为魂，以发展农业体验观光旅游为方向，以生产多元绿色农产品为产业定位，实现经济与环境效益并举，致力于打造罗源县极具特色和风味的乡村旅游胜地，让游客领略不同于城市生活的山野情趣和自然、和谐、美观的乡村生活。

（五）天时地利人和，未来"钱"景无限

"一湾海色四面景，群山如黛绿如蓝"的罗源，有山有海，还有独特的畲族文化。罗源湾海洋世界旅游区和罗源湾里的海鲜餐厅，无不吸引着大量的游客。

吃了海鲜，还想吃山珍，这就离不开配套的休闲农业了；观了海景，再住民宿，还是离不开配套的休闲农业。而硒浦山生态农庄以其自然生态、区位优势、优质产品和细致服务，成为游客来此地的首选。

在罗源，休闲农业还处在起步阶段，有品质、注重文化内涵的休闲农庄少之又少，学生亲子游、体验游的市场基本上还是空白。休闲农业未来"钱"景无限，机会总是留给善于抢占先机的人们的。

案例 13　想做休闲农业，这些坑一定要躲过！

休闲农业经营者要想成功，一定要懂得学习与借鉴，避免踩到陷阱，

要认真吸取别人做"农家乐"、休闲农庄、田园综合体、特色小镇的经验教训，以此为鉴，尤其要注意以下几个大坑：

（一）跟风

A 先生文化不高，起初通过接一些绿化工程项目有了点积蓄。由于绿化工程业务逐步减少，他看别人开"农家乐"很火，自己也想开一家休闲农庄，做点赚钱的生意。种种原因让他踏上了转型休闲农业的漫漫长路。

A 先生的第一个休闲农庄只有 100 亩左右，按说经营好了，大钱赚不到，小钱还是有的。结果不然，他的农庄"死"得很惨。当时农庄很流行垂钓。A 先生在农庄也干起了这个垂钓，当时他没想别的，就是跟风，根本不知道什么是市场定位，农庄也只有钓鱼和吃饭两个项目。

A 先生挖了鱼池，种上菜，养点鸡，和别人干过的一模一样。但由于他是晚入行的，农庄地址也相对较偏，散客肯定做不过别人，农庄很少有人光顾。A 先生两年后不得不把农庄关门转让。

警示：有句话说得好——"人无我有，人有我精。"意思是别人都在做的事，你想做出名堂，就必须有超过别人的地方。市场定位要找准，做自己的特色，做差异化产品，迎合市场。A 先生的案例是典型的外行做休闲农业，什么都是想当然。结果就是：理想很丰满，现实很骨感！

（二）政策

B 先生在开休闲农庄的过程中，最深的感触就是农业政策很重要，这里的政策主要指项目实施过程中所需要的国家政策与政府资源。

B 先生是一名建筑包工头，做农庄前主要接单一些建筑公司分包的专项工程，打交道的圈子相对较窄，一般都是同行，很少了解农业政策，与政府部门的人接触也不多。在开休闲农庄之初，B 先生没有事先规划设计，全凭自己的想法做。由于他不懂农业政策，在基本农田上建餐厅，结果因土地违规使用问题受到政府相关部门的检查，要求他必须拆除农庄违章经营设施。这对于资金本来就不是很充足的 B 先生来说，简直就是晴天霹雳。他眼睁睁看着农庄被拆，只能做回老本行去了。

警示：做农业，必须是天帮忙、人努力，最后还要政策好。要想农庄生意好，除了要有人脉关系、善于扩大社交圈外，还要掌握国家的农业政策。政府对休闲农业项目的扶持还是蛮大的。B 先生最大的问题是在建设的时候没有事先规划设计，自己没有掌握农业政策，又没有和政府部门打好交道、事先了解清楚相关规定，结果违反了政策，只能自己承受失败的后果。

【视频 11】
做休闲农业与乡村旅游，一定要懂国家政策！

（三）租地

C 先生开休闲农庄时欠缺经验，在土地租赁问题上吃了大亏。他当时在投资休闲农庄时，土地都是自己村的，但只签了 8 年租地合同，马上就到期了。当初签合同时土地租金算下来每亩不到 500 元，C 先生认为有得赚就接下来了。但这几年农村发展变化很大，水、电、交通等基础设施建设和乡村环境建设都好了很多。看到这个势头，当地很多农户要求涨到每亩 1 200 元的地租，否则就不租了。C 先生投资没收回不说，根据经营状况一算，如果按上涨的土地租金付，挣的钱都交了地租，到头来基本上所剩无几。

为什么会这样呢？原来 C 先生在签合同时没有考虑到休闲农业投入大、回收期长，因此忽略了土地租用时间太短这个细节，这成为这次休闲农庄失败的主要原因。

警示：C 先生的经历告诉大家，土地租赁合同一般要去政府相关部门做公证，与农户谈地租，至少要谈 30～50 年的租金，允许每年有一定比例的递增，防止租金暴涨。如果农户不接受这个条件，那合同就没必要签了。

（四）模式

D 先生和几个合伙人在县城边上投资了一个约 1 000 万元的乡村旅游

项目，走的是"农业＋休闲旅游"的路线。为此他们专门到四川成都考察火得一塌糊涂的"五朵金花"等观光休闲农业项目，主题定位、景观、休闲活动、餐厅等都一模一样，但开了三年就赔了 450 万元，面临关门调整。

为什么呢？还是照搬出的错。例如，D 先生的乡村旅游园区有不少荷塘，它们的主要作用是供游客观赏荷花与采摘莲蓬，D 先生他们并没有深度挖掘以荷花为主题的农旅有机融合、产业链延伸与休闲娱乐价值；园区中的餐厅多数经营一般土菜、麻将、擂茶与烧烤，只有普通的物质服务产品，没有深度开发游客需要的精神文化产品。

警示：站在巨人的肩上是可以看得更远，但是生搬硬套很容易落个不伦不类的结果。D 先生等学习了别的休闲农业模式好的地方，但是却没有做到结合当地的实际。正所谓"画虎画皮难画骨"，做休闲农业项目照搬照抄是没有活路的。要有自己的特色、结合当地的情况，才能落地生根。